저자 **김 준 석**

- 고려대학교 수학교육과 졸업(1995년, 이학학사)
- 서울대학교 수학과 대학원 졸업(1997년, 이학석사)
- University of Minnesota 수학과 대학원 졸업(2002년, 이학박사: 응용수학, Computational Fluid Dynamics, 과학계산 전공)
- University of California, Irvine 수학과(2002년-2006년, 박사후연구원)
- 동국대학교 수학과(2006년-2007년, 조교수)
- 고려대학교 수학과(2008년-현재, 교수)
- 다양한 주제를 바탕으로 교육 및 연구 프로젝트를 수행하고 다수의 논문과 저서를 공동연구자들과 같이 발표

cfdkim@korea.ac.kr
http://math.korea.ac.kr/~cfdkim

보르노이 다이어그램

초판인쇄	2020년 11월 1일
초판발행	2020년 11월 1일
지은이	김준석 곽수빈 김상권 윤성하 김현동 문현 이채영
펴낸곳	지오북스
주소	서울시 중구 퇴계로 213 일흥빌딩 408호
등록	2016년 3월 7일 제395-2016-000014호
전화	02)381-0706 ㅣ 팩스 02)371-0706
이메일	emotion-books@naver.com
홈페이지	www.geobooks.co.kr

ISBN 979-11-87541-94-3
      979-11-87541-93-6

값 12,000원

이 도서의 국립중앙도서관 출판예정도서목록(CIP)은 서지정보유통지원시스템 홈페이지(http://seoji.nl.go.kr)와 국가자료공동목록시스템(http://www.nl.go.kr/kolisnet)에서 이용하실 수 있습니다. (CIP제어번호 : CIP2020041896)

이 책은 저작권법으로 보호받는 저작물입니다.
이 책의 내용을 전부 또는 일부를 무단으로 전재하거나 복제할 수 없습니다.
파본이나 잘못된 책은 바꿔드립니다.

머리말 Preface

보로노이 다이어그램은 러시아 수학자 조지 보로노이가 고안해낸 다이어그램이다. 평면 위에 주어진 점들과의 거리에 따라 영역을 나눌 때 형성되는 패턴이다. 대표적인 예로 기린의 무늬에서 볼 수 있다. 보로노이 다이어그램을 만드는 코딩을 해 보자.

김준석 곽수빈 김상권 윤성하 김현동 문현 이채영

키워드 : 보로노이 다이어그램(Voronoi diagram), 옥타브 프로그램, 코딩수학

차례 Contents

제1장 ● 옥타브 설치 및 시작 방법 / 5

▶ 프로그램을 다운로드해보자
▶ 프로그램을 설치해보자
▶ 참고 사항
▶ 이 책에서 사용하는 옥타브 문법

제2장 ● Voronoi diagram 기초 예제 / 51

▶ 보로노이 다이어그램(Voronoi diagram)이란 무엇인가?
▶ 보로노이 다이어그램을 초콜릿을 이용해서 만들어 보자.
▶ 옥타브 코드를 작성해 보자.
▶ 택시거리(taxicab distance)란 무엇인가?
▶ 보로노이 다이어그램에 택시거리를 적용해 보자.
▶ 보로노이 다이어그램을 활용한 예제
▶ 구글맵스를 이용하여 경도와 위도 찾기
▶ 공공기관 관할구역을 분할하는 코드를 작성해 보자

제3장 ● 부록·참고 문헌 / 103

목표: 컴퓨터 코딩을 이용해서 보로노이 다이어그램을
만들어 보자.

프로그램의 특성상 버전이 업그레이드되면 프로그램 설치 과정 및 명령문이 변경될 수도 있습니다. 업데이트 정보나 책에 사용된 프로그램 코드를 내려받고자 한다면 코딩수학 홈페이지
http://math.korea.ac.kr/~cfdkim/
를 방문하세요.

책의 내용에 대해 질문이나 조언이 있는 경우 메일(cfdkim@korea.ac.kr)로 문의주시면 고맙겠습니다.

코딩수학

Chapter 1

옥타브 설치 및 시작 방법

CHAPTER 1

옥타브 설치 및 시작 방법

 프로그램을 다운로드해보자

1. 프로그램 다운로드

1.1 옥타브(Octave) 홈페이지에 접속하여 Download 버튼을 클릭한다. 홈페이지 주소는 아래와 같다.

https://www.gnu.org/software/octave/

1.2 Download를 클릭하면 운영체제를 구분하여 옥타브 설치 파일을 제공하고 있다.

Download

Source	GNU/Linux	macOS	BSD	MS Windows

Source

The latest released version of Octave is always available from

- https://ftp.gnu.org/gnu/octave
- ftp://ftp.gnu.org/gnu/octave

Please download from https://ftpmirror.gnu.org/octave, which will redirect automatically to a nearby mirror site.

Chapter 1 옥타브 설치 및 시작 방법

1.3 본인의 PC에 맞는 운영체제를 선택한다. 윈도우의 경우 MS Windows 버튼을 클릭하면 다음 화면이 나온다.

Microsoft Windows

- Windows-64 (recommended)
    - octave-5.2.0_1-w64-installer.exe (~ 300 MB) [signature]
    - octave-5.2.0_1-w64.7z (~ 300 MB) [signature]
    - octave-5.2.0_1-w64.zip (~ 530 MB) [signature]
- Windows-32 (old computers)
    - octave-5.2.0_1-w32-installer.exe (~ 275 MB) [signature]
    - octave-5.2.0_1-w32.7z (~ 258 MB) [signature]
    - octave-5.2.0_1-w32.zip (~ 447 MB) [signature]
- Windows-64 (64-bit linear algebra for large data)
    Unless your computer has more than ~32GB of memory and you need to solve linear algebra problems with arrays containing more than ~2 billion elements, this version will offer no advantage over the recommended Windows-64 version above.
    - octave-5.2.0_1-w64-64-installer.exe (~ 286 MB) [signature]
    - octave-5.2.0_1-w64-64.7z (~ 279 MB) [signature]
    - octave-5.2.0_1-w64-64.zip (~ 490 MB) [signature]

1.4 최신 버전의 "파일 이름.exe"로 된 파일을 선택해서 다운로드한다. 이때, 본인의 PC가 32비트인지 64비트인지 확인해서 컴퓨터가 32비트이면 *w32*가 있는 파일을 다운로드하고 64비트이면 *w64*가 있는 파일을 다운로드한다. 이 책의 경우 "octave-5.2.0_1-w64-installer.exe"를 사용했다. 만약, 독자의 컴퓨터가 32비트 시스템이라면, "octave-5.2.0_1-w32-installer.exe"를 다운로드해서 사용하자.

보로노이 다이어그램

* 본인의 PC의 운영체제가 32비트인지 64비트인지 확인하는 방법

  내 컴퓨터의 운영체제를 확인하기 위해 아래 그림과 같이 제어판에서 시스템을 클릭한다.

다음 그림과 같이 운영체제를 확인할 수 있다. 이 PC는 64비트 운영체제로 되어있다.

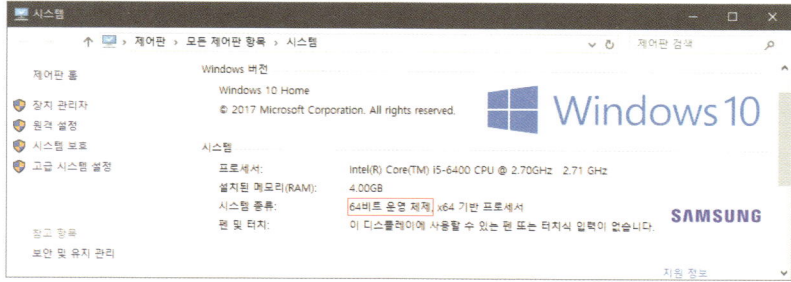

Chapter 1 옥타브 설치 및 시작 방법

 **프로그램을 설치해보자**

2. 설치

2.1 다운로드한 파일 octave-5.2.0_1-w64-installer.exe을 더블 클릭하여 실행한다.

2.2 프로그램 설치가 컴퓨터의 운영시스템을 완전히 테스트 하지 않았다는 경고 메시지이다. '예(Y)'를 클릭하여 다음 단계로 넘어가자.

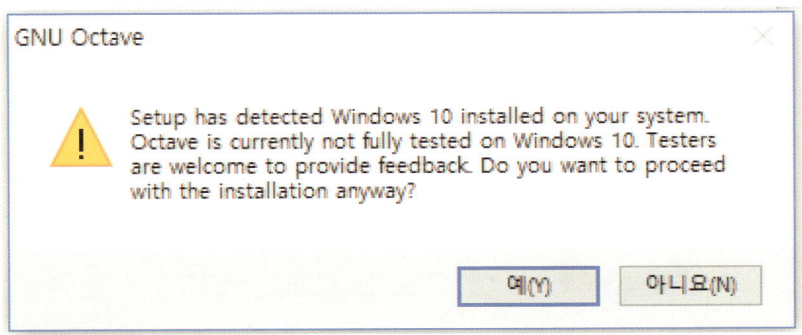

다음 경고 메시지는 Java Runtime Environment가 기존에 설치되지 않았다는 것이다. '예(Y)'를 클릭하여 다음 단계로 넘어가자.

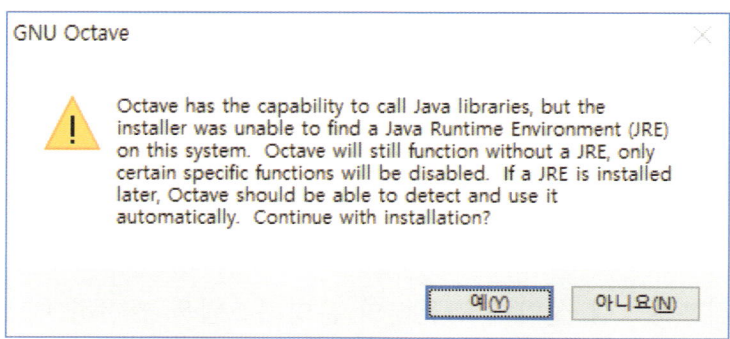

2.3 이제 본격적으로 Octave 설치가 된다. 'Next >'를 클릭하여 다음 단계로 넘어가자.

Chapter 1 옥타브 설치 및 시작 방법

2.4 프로그램 라이센스에 관한 내용이다. 'Next >'를 클릭하여 다음 단계로 넘어가자.

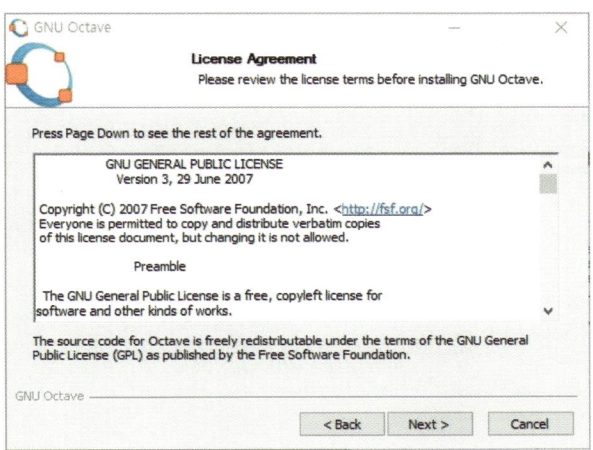

2.5 프로그램 설치에 관한 옵션 선택이다. 기본값으로 두고, 'Next >'를 클릭하여 다음 단계로 넘어가자.

보로노이 다이어그램

2.6 프로그램 설치 위치를 정하는 창이다. 기본 설정으로 두고 'Install'을 클릭하여 설치하자.

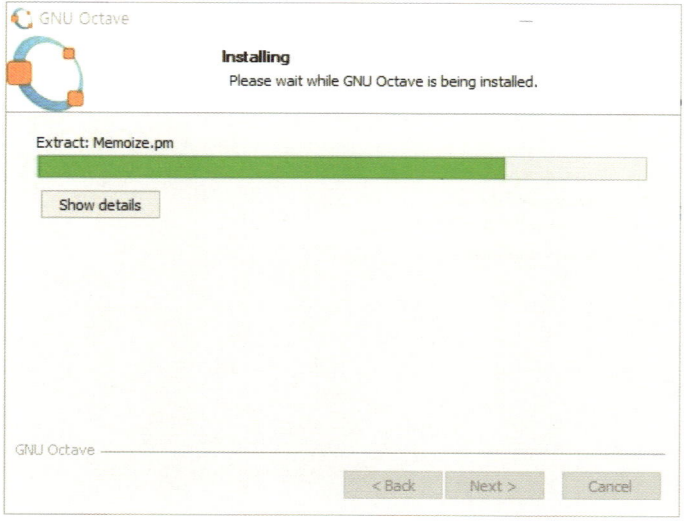

Chapter 1 옥타브 설치 및 시작 방법

2.7 다음과 같은 화면이 나올 경우, 정상적으로 설치가 완료된 것이다. 'Finish'를 클릭하여 설치를 종료하자.

2.8 초기 설정

프로그램 설치를 마치면 Octave 프로그램이 실행되지만 종료하고 다시 시작하자. 바탕화면을 보면 다음과 같은 Octave GUI 아이콘이 있다. 더블클릭하여 프로그램을 실행하자.

13

보로노이 다이어그램

초기 설정은 최초에 한 번만 실행하게 된다. 'Next >'를 클릭하여 다음 단계로 넘어가자.

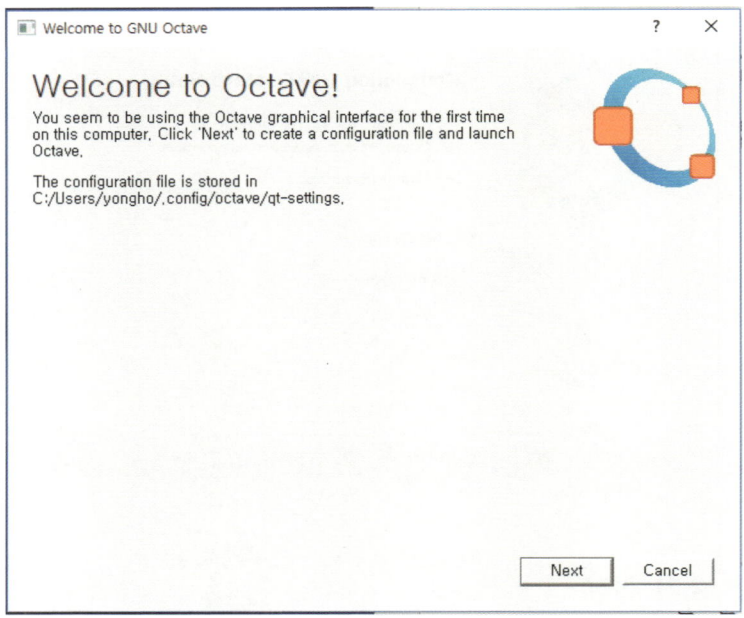

Chapter 1 옥타브 설치 및 시작 방법

'Next >'를 클릭하여 다음 단계로 넘어가자.

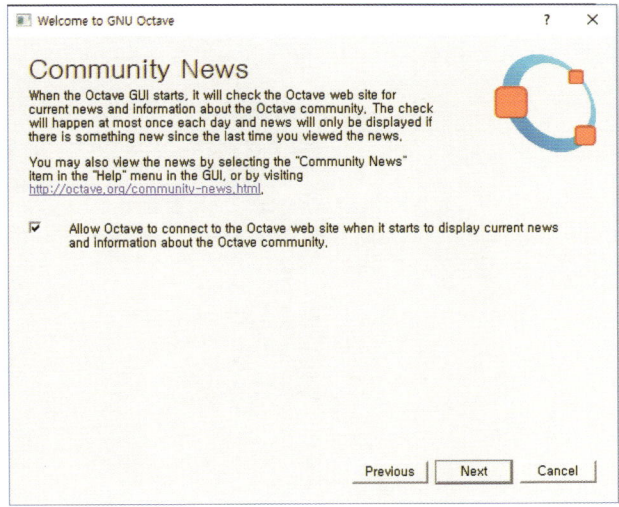

'Finish'를 클릭하여 기본 설정을 완료한다.

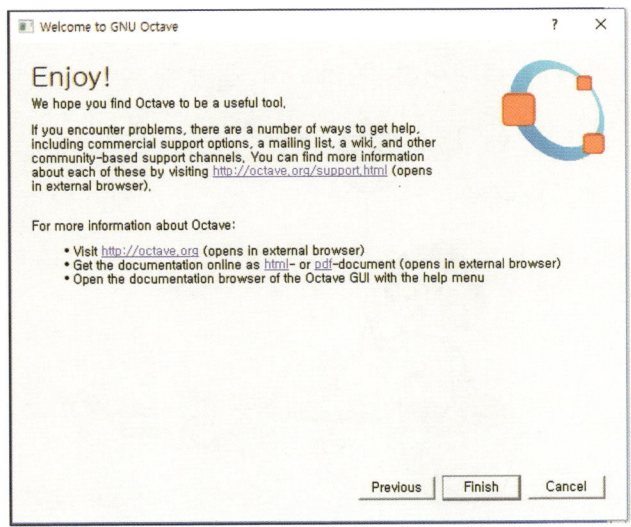

15

보로노이 다이어그램

Octave 프로그램을 실행하면 다음 그림과 같은 화면이 나올 것이다.

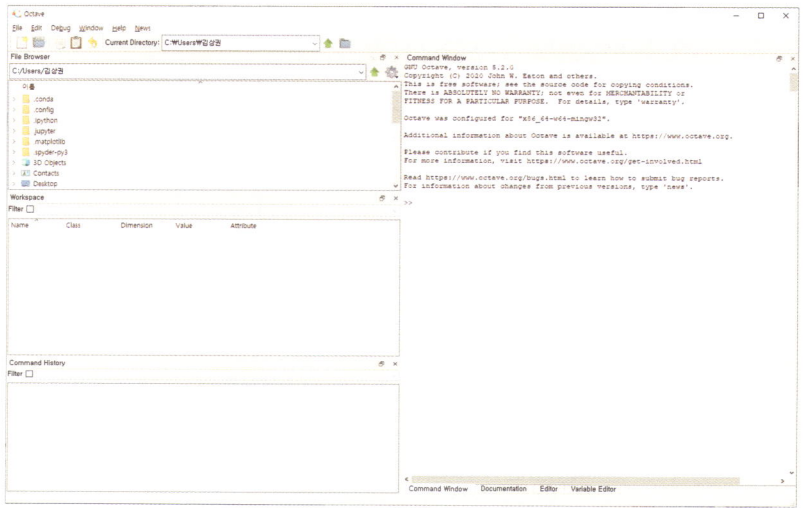

현재 화면을 Command Window(명령문 창)라고 한다. 이 창에는 간단한 명령어를 입력하여 실행할 수 있다.

Chapter 1 옥타브 설치 및 시작 방법

2.9 간단한 명령어 실행하기(Command Window)

아래 그림과 같이, 3+5를 입력하고 Enter 키를 누르면 ans = 8 이라는 결과를 얻는다. 한 번 따라 해보자.

```
Command Window
GNU Octave, version 5.2.0
Copyright (C) 2020 John W. Eaton a
This is free software; see the sou
There is ABSOLUTELY NO WARRANTY; n
FITNESS FOR A PARTICULAR PURPOSE.

Octave was configured for "x86_64-

Additional information about Octav

Please contribute if you find this
For more information, visit https:

Read https://www.octave.org/bugs.h
For information about changes from

>> 3+5
ans =  8
>> |
```

하지만, 여러 명령문을 동시에 실행하고 싶다면, 'Editor'를 이용하자. 프로그램 하단의 메뉴 바에 두 번째 'Editor' 탭을 클릭해보자.

2.1º m-file 생성 및 실행(Editor)

먼저, Editor 창에서 3+5를 입력한다.

버튼 를 클릭하면 파일을 다른 이름으로 저장하라는 메시지가 나온다. 이때 꼭 파일 이름은 영문자로 시작하고 파일 확장자는 '.m'으로 정한다. 예를 들면, 'test.m'처럼 저장되어야 한다. 또한, 파일 이름은 내장함수명과 다르게 정해야 한다. 이 책에서는 내장함수명과 구분하기 위하여 파일명 첫 글자를 대문자로 사용하였다.

Chapter 1 옥타브 설치 및 시작 방법

아래와 같은 창이 뜨면 'Change Directory'를 클릭한다.

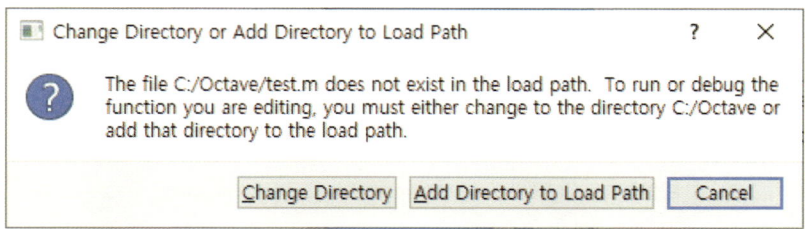

보로노이 다이어그램

이제 결과를 명령문 창(Command Window)에서 확인해 보면 다음과 같다.

Chapter 1 옥타브 설치 및 시작 방법

 참고 사항

* 현재 스크립트 작성 파일 경로에 한글 폴더명은 사용할 수 없다. 옥타브는 한글을 인식하지 못해 경로에 한글이 있으면 스크립트를 실행할 수 없다. C:\Octave에 파일을 저장하는 것을 추천한다.
* error: 'm-file name' undefined near line 1 column 1 와 같은 에러가 발생하여, 프로그램이 실행이 안 될 때 명령문 창에 다음을 입력하고 'Enter'키를 누른다.
addpath(pwd)
이것은 현재 폴더를 프로그램 실행 경로로 포함한다는 명령어이다.
* 프로그램 실행 중 강제 종료하고 싶을 때는 명령문 창을 마우스로 클릭한 후에 Ctrl 키를 먼저 누른 상태에서 C키를 누른다.
* 코딩할 때 프로그램 코드를 하나하나 직접 입력해서 실행하는 것은 매우 중요한 과정이다. 때로는 오타로 인해 프로그램 오류가 날 수도 있지만, 오류를 찾으면서 프로그램 기술을 많이 배우는 기회를 얻게 될 것이다.

보로노이 다이어그램

 **이 책에서 사용하는 옥타브 문법**

코드명: Clear.m

```
a=1
clear
a
```

코드설명

```
% 선언된 모든 변수를 삭제하고자 할 때, 'clear'을 사용하여 모든 변수를 삭제한다.
a=1
% 임의의 변수 선언 및 출력
clear
% 모든 변수 삭제
a
% 변수 a에 할당된 데이터 출력. 변수 a가 선언되어있지 않으면 경고 메시지 'error: 'a' undefined'가 표시됨
```

명령문 창 결과

```
>> Clear
a =  1
error: 'a' undefined near line 3 column 1
error: called from
    Clear at line 3 column 1
```

22

코드명: Rand.m

```
n=2; m=3;
rand(n,m)
```

코드설명

% 0과 1 사이 균일하게 분포된 난수로 구성된 $(n \times m)$행렬 반환 명령어
n=2; m=3;
% 행렬의 크기(행, 열의 개수)를 선언
rand(n,m)
% (2×3) 난수 행렬을 출력

명령문 창 결과

```
>> Rand
ans =

   0.2332088   0.1989927   0.0821896
   0.0889044   0.8198794   0.0016229
```

코드명: Randperm.m

```
randperm(5)
```

보로노이 다이어그램

코드설명

```
randperm(5)
% 1부터 5까지의 자연수로 무작위 순열 생성
```

명령문 창 결과

```
>> RandomPerm
ans = 2   3   1   4   5
```

코드명: Linspace.m

```
x1=1; x2=5;
n=5;
linspace(x1,x2,n)
```

코드설명

% x1과 x2 사이에서 균일한 간격의 점 n개로 구성된 행 벡터를 반환한다. 즉, 점 사이의 간격은 $\dfrac{x2-x1}{n-1}$ 이다.

```
x1=1; x2=5;
```
% 구간의 양 끝점을 선언
```
n=5;
```
% 점 개수를 선언
```
linspace(x1,x2,n)
```

% 구간 [x1,x2]의 양 끝점을 포함하는 균일한 간격의 점 n개로 구성된 행벡터 출력

명령문 창 결과

```
>> Linspace
ans =
   1   2   3   4   5
```

코드명: Zeros.m

```
n=2; m=3;
zeros(n,m)
```

코드설명

% 모든 원소가 '0'인 $(n \times m)$행렬 반환하는 명령어
n=2; m=3;
% 행렬의 크기(행, 열의 개수)를 선언
zeros(n,m)
% 모든 원소가 '0'인 (2×3)행렬 출력

명령문 창 결과

```
>> Zeros
ans =
   0   0   0
   0   0   0
```

보로노이 다이어그램

코드명: Size.m

```
n=2; m=3;
M=zeros(n,m);
size(M)
```

코드설명

% 모든 원소가 '0'인 $(n \times m)$ 행렬 반환하는 명령어
n=2; m=3;
% 행렬의 크기(행, 열의 개수)를 선언
M=zeros(n,m);
% 모든 원소가 '0'인 (2×3) 행렬
size(M)
% 행렬 M의 크기 출력

명령문 창 결과

```
>> Size
ans =

    2    3
```

Chapter 1 옥타브 설치 및 시작 방법

코드명: For.m

```
a=1;
for i=1:3
    a
end
```

코드설명

```
a=1;
% 임의의 변수 선언
for i=1:3
% i가 1부터 1씩 증가하여 3일 때까지 다음 명령어 수행. 다르게 말하면 다음 명령어를 3번 반복 수행.
    a
% a를 출력
end
% for문을 끝냄
```

명령문 창 결과

```
>> For
a =  1
a =  1
a =  1
```

보로노이 다이어그램

코드명: If.m

```
a=1;
for i=1:3
    a
end
```

코드설명

```
a=1;
% 임의의 변수 선언
for i=1:3
% i가 1부터 1씩 증가하여 3일 때까지 다음 명령어 수행, 다르게 말하면 다음 명령어를 3번 반복 수행
    a
% a를 출력
end
% for문을 끝냄
```

명령문 창 결과

```
>> For
a =   1
a =   1
a =   1
```

코드명: If_else.m

```
a=3;
if a>3
    b=1
else
    b=2
end
```

코드설명

```
a=3;
% 임의의 변수 선언
if a>3
% 만약 a가 3보다 크면 다음 명령어 수행
    b=1
% b에 1을 할당 및 출력
else
% a가 3보다 크지 않으면 다음 명령어 수행
    b=2
% b에 2를 할당 및 출력
end
% if-else문 끝냄
```

명령문 창 결과

```
>> If_else
b =  2
```

보로노이 다이어그램

코드명: Sqrt.m

```
a=2;
sqrt(a)
```

코드설명

```
% 변수의 제곱근을 반환하는 명령어
a=2;
% 임의의 변수 선언
sqrt(a)
% 변수 a의 제곱근 출력
```

명령문 창 결과

```
>> Sqrt
ans = 1.4142
```

코드명: Min.m

```
a=3; b=4;
min(a,b)
```

코드설명

```
% 두 원소를 비교하여 작은 값을 반환하는 명령어
a=3; b=4;
```

Chapter 1 옥타브 설치 및 시작 방법

% 임의의 두 수 선언
min(a,b)
% 두 수 중 작은 수를 출력

명령문 창 결과

>> Min
ans = 3

코드명: Ginput.m

[x,y]=ginput(4)

코드설명

[x,y]=ginput(4)
% 아래와 같은 화면에서 원하는 위치에 클릭하여 4개의 점을 생성한다.

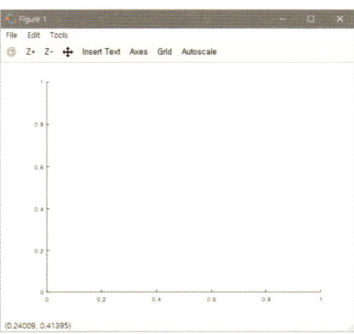

보로노이 다이어그램

명령문 창 결과

```
>> Ginput
x =

    0.24009
    0.39908
    0.36682
    0.92673


y =

    0.41395
    0.64584
    0.23489
    0.86893
```

코드명: Clf.m

```
x=0:20;
y=x;
plot(x,y)
clf
```

Chapter 1 옥타브 설치 및 시작 방법

코드설명

% Figure 창에 그려진 그래프를 모두 지우고자 할 때, 'clf'를 사용하여 그래프를 지운다.
x=0:20;
% 임의의 벡터 선언, 0부터 20까지 1 간격인 행벡터를 x에 할당
y=sin(x);
% 변수 y에 sin(x) 값을 할당
plot(x,y)
% 벡터 x에 대한 벡터 y를 그리기
clf
% Figure 창에 그려진 그래프를 모두 지움

Figure 창 결과

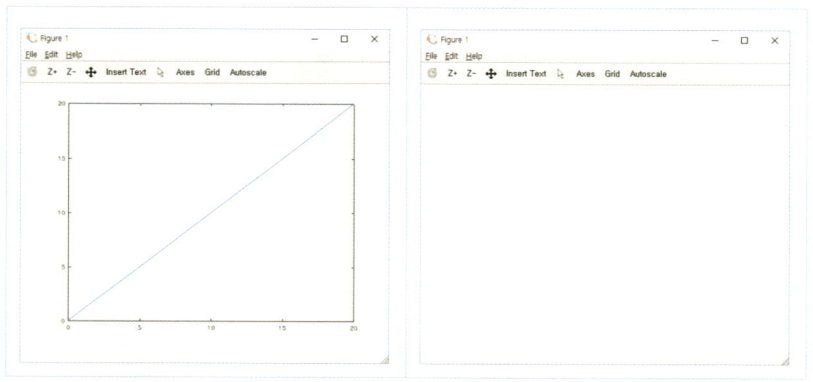

보로노이 다이어그램

코드명: Plot.m

```
x=linspace(0,2*pi,20);
y=cos(x);
plot(x,y)
```

코드설명

x=linspace(0,2*pi,20);
% 임의의 벡터 선언, 변수 x에 0부터 2π까지 균일한 간격의 (1×20) 벡터 할당
y=cos(x);
% 변수 y에 벡터 x에 대한 cosine 값을 할당
plot(x,y)
% 벡터 x에 대한 벡터 y를 그림 창에 그리기

Figure 창 결과

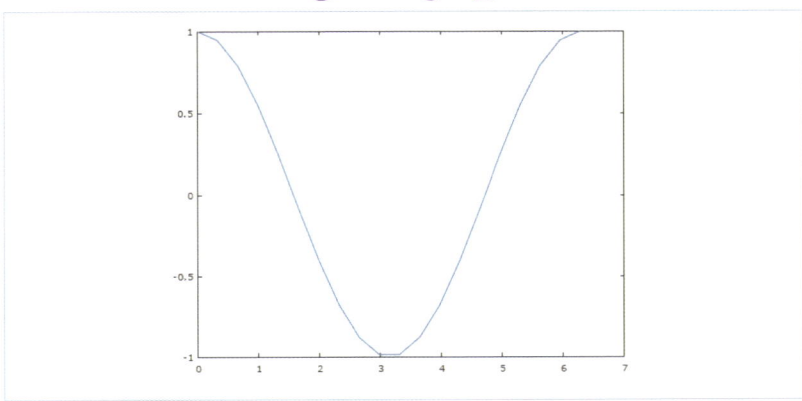

Chapter 1 옥타브 설치 및 시작 방법

코드명: Plot3.m

```
z=linspace(-5,5,20);
x=sin(z);
y=cos(z);
plot3(x,y,z,'-o')
box on
```

코드설명

```
z=linspace(-5,5,20);
x=sin(z);
y=cos(z);
% 임의의 세 벡터 x, y, z 선언
plot3(x,y,z,'-o')
% (x,y,z)를 지나는 그래프 그리기
box on
```

Figure 창 결과

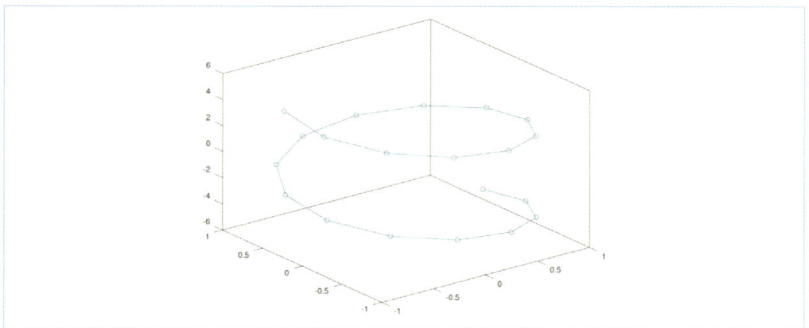

35

코드명: Mesh.m

```
x=linspace(-2*pi,2*pi,25);
y=linspace(-2*pi,2*pi,25);
[X,Y]=meshgrid(x,y);
Z=cos(X)+sin(Y);
mesh(X,Y,Z)
```

코드설명

```
x=linspace(-2*pi,2*pi,25);
y=linspace(-2*pi,2*pi,25);
```
% 임의의 두 벡터 선언
```
[X,Y]=meshgrid(x,y);
```
% 벡터 x와 y에 대한 2차원 그리드를 생성
```
Z=cos(X)+sin(Y);
```
% 변수 Z에 그리드 행렬 X, Y에 대하여 cos(X)+sin(Y)를 계산하여 할당
```
mesh(X,Y,Z)
```
% 3차원 공간에 그리드 행렬 X, Y에 대하여 Z를 지정된 색을 사용하여 메시(그물망)를 그리기

Chapter 1 옥타브 설치 및 시작 방법

Figure 창 결과

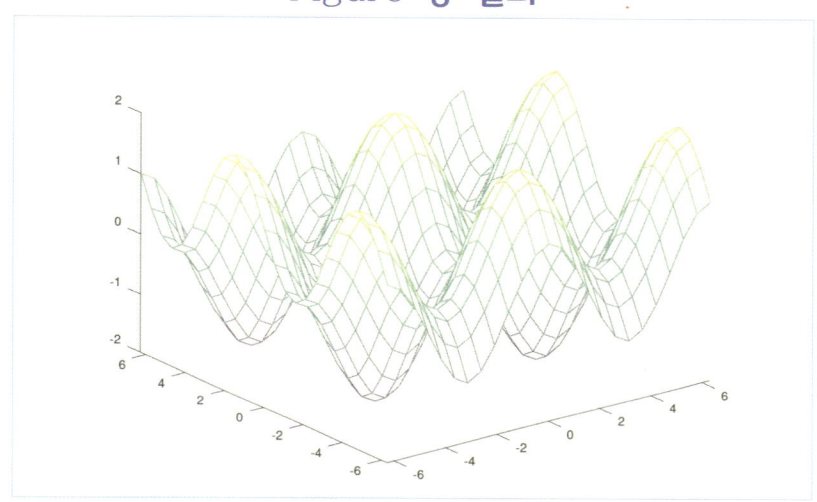

코드명: Surf.m

```
x=linspace(-2*pi,2*pi,25);
y=linspace(-2*pi,2*pi,25);
[X,Y]=meshgrid(x,y);
Z=cos(X)+sin(Y);
surf(X,Y,Z)
```

코드설명

```
x=linspace(-2*pi,2*pi,25);
y=linspace(-2*pi,2*pi,25);
% 임의의 두 벡터 선언
```

보로노이 다이어그램

```
[X,Y]=meshgrid(x,y);
% 벡터 x와 y에 대한 2차원 그리드를 생성
Z=cos(X)+sin(Y);
% 변수 Z에 그리드 행렬 X, Y에 대하여 cos(X)+sin(Y)를 계산하여 할당
surf(X,Y,Z)
% 3차원 공간에 그리드 행렬 X, Y에 대하여 Z를 지정된 색을 사용하여 곡면 그리기
```

Figure 창 결과

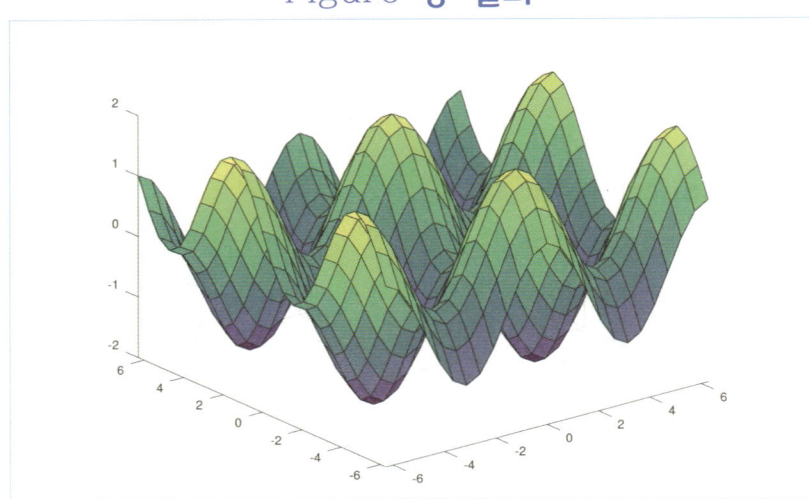

Chapter 1 옥타브 설치 및 시작 방법

코드명: Axis.m

```
x=linspace(0,2*pi,20);
y=sin(x);
figure(1); plot(x,y)
axis([3 6 -1 0])
figure(2); plot(x,y)
axis image
figure(3); plot(x,y)
axis off
```

코드설명

```
x=linspace(0,2*pi,20);
```
% 임의의 벡터 선언, 변수 x에 0부터 2π까지 균일한 간격의 (1×20)벡터 할당
```
y=sin(x);
```
% 변수 y에 $\sin(x)$를 할당
```
figure(1); plot(x,y)
```
% figure(1) 창에 벡터 x에 대한 벡터 y를 그리기
```
axis([3 6 -1 0])
```
% 보고 싶은 구간 [3 6 -1 0]으로 좌표축을 변경, 앞의 두 값은 x축의 양 끝값을, 뒤의 두 값은 y축의 양 끝값을 가리킨다.
```
figure(2); plot(x,y)
```

보로노이 다이어그램

% figure(2) 창에 벡터 x에 대한 벡터 y를 그리기
axis image
% 보고 싶은 스케일('image')로 좌표축을 변경
figure(3); plot(x,y)
% figure(3) 창에 벡터 x에 대한 벡터 y를 그리기
axis off
% 좌표축 데이터를 표시하지 않음

Figure 창 결과

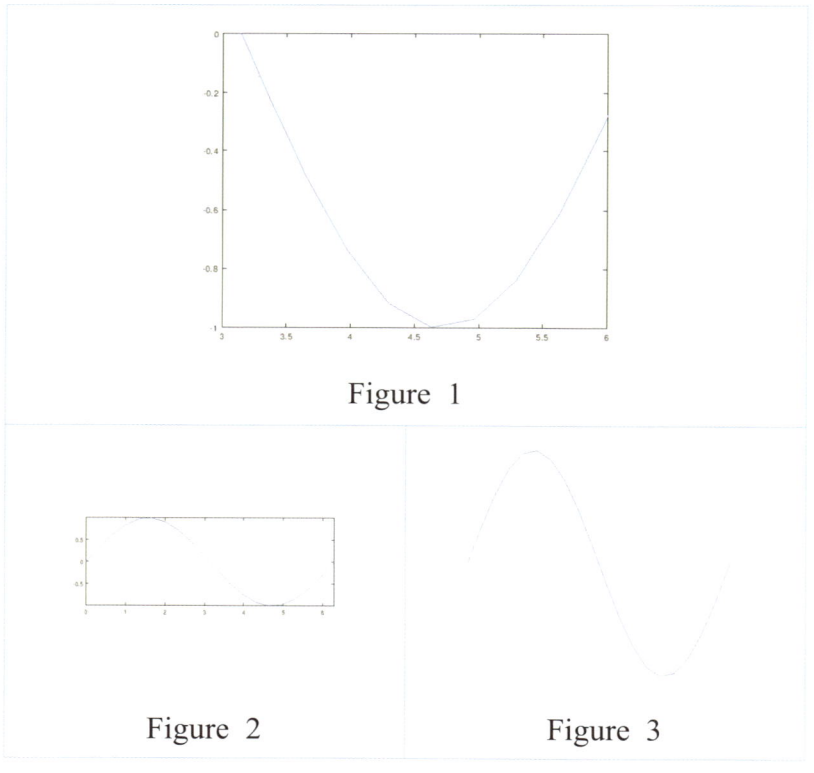

Figure 1

Figure 2   Figure 3

axis option

```
axis([xmin xmax ymin ymax])
% 어느 구간만 보고 싶은 경우
- axis image
% 각 축에서의 데이터 단위에 대해 같은 길이를 사
용하여 좌표축 상자를 데이터 둘레에 맞게 스케일
조정
- axis off
% 각 축에서의 데이터를 표시하지 않음
```

코드명: Ticks.m

```
x=linspace(-1,1,21);
y=x.^2;
figure(1); clf;
plot(x,y)
figure(2); clf;
plot(x,y)
xticks([-1 0 1])
yticks([])
```

코드설명

```
x=linspace(-1,1,21);
```
% 변수 x에 -1부터 1까지 균일한 간격의 (1×21)벡터 할당

```
y=x.^2;
% 변수 y에 $x^2$값 할당
figure(1); clf;
% Figure 1 창 생성, 초기화
plot(x,y)
% $y=x^2$ 그래프 생성
figure(2); clf;
% Figure 2 창 생성, 초기화
plot(x,y)
% $y=x^2$ 그래프 생성
xticks([-1 0 1])
% x축 눈금 -1 0 1으로 설정
yticks([])
% y축 제거
```

Figure 창 결과

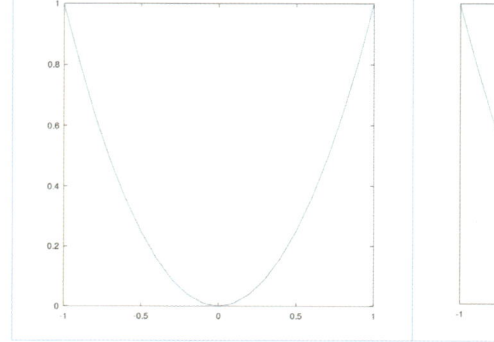
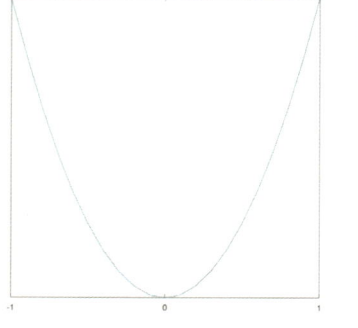

Chapter 1 옥타브 설치 및 시작 방법

코드명: Grid.m

```
x=linspace(0,2*pi,20);
y=sin(x);
line(x,y)
grid on
```

코드설명

x=linspace(0,2*pi,20);
% 임의의 벡터 선언, 변수 x에 0부터 2π까지 균일한 간격의 (1×20)벡터 할당
y=sin(x);
% 변수 y에 벡터 x에 대한 sine 값을 할당
line(x,y)
% 벡터 x에 대한 벡터 y를 Figure 창에 그리기
grid on
% 격자 그리기

Figure 창 결과

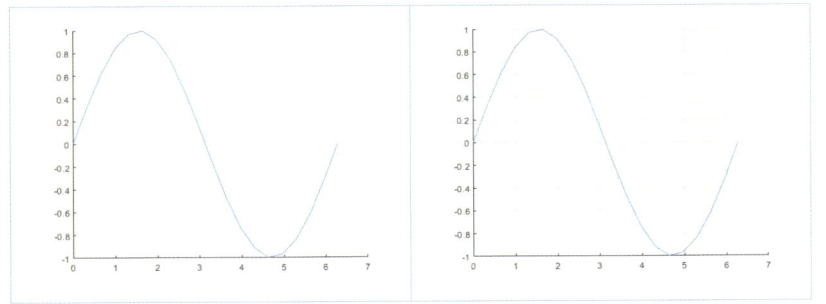

보로노이 다이어그램

코드명: Shading.m

```
x=linspace(-2*pi,2*pi,25);
y=linspace(-2*pi,2*pi,25);
[X,Y]=meshgrid(x,y);
Z=cos(X)+sin(Y);
surf(X,Y,Z)
shading interp;
```

코드설명

```
x=linspace(-2*pi,2*pi,25);
y=linspace(-2*pi,2*pi,25);
```
% 임의의 두 벡터 선언
```
[X,Y]=meshgrid(x,y);
```
% 벡터 x와 y에 대한 2차원 그리드를 생성
```
Z=cos(X)+sin(Y);
```
% 변수 Z에 그리드 행렬 X, Y에 대하여 cos(X)+sin(Y)를 계산하여 할당
```
surf(X,Y,Z)
```
% 3차원 공간에 그리드 행렬 X, Y에 대하여 Z를 지정된 색을 사용하여 곡면 그리기
```
shading interp;
```
% 각 면의 색을 보간하여 각 면의 색에 변화를 줌

Chapter 1 옥타브 설치 및 시작 방법

Figure 창 결과

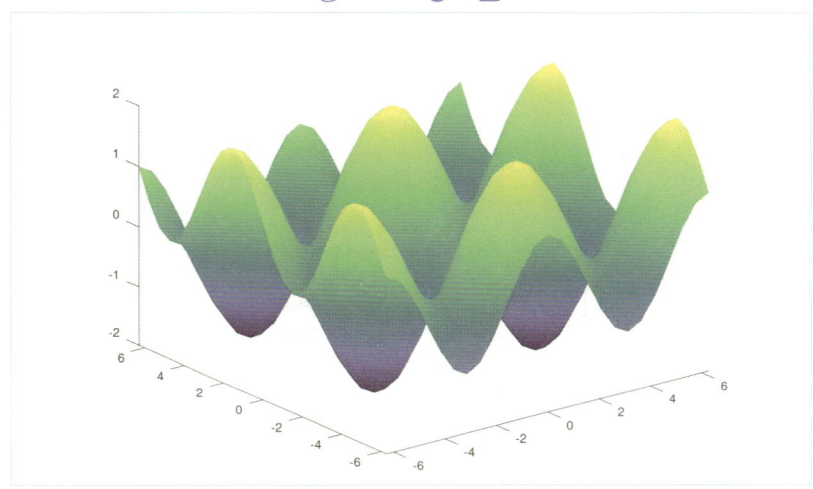

코드명: Hold.m

```
x=linspace(0,2*pi,20);
y1=cos(x);
plot(x,y1)
hold on
y2=sin(x);
plot(x,y2)
```

코드설명

```
x=linspace(0,2*pi,20);
% 임의의 벡터 선언, 변수 x에 0부터 2π까지 균일
```

보로노이 다이어그램

한 간격의 (1×20)벡터 할당
y1=cos(x);
% 변수 y1에 cos(x)를 할당
plot(x,y1)
% Figure1 창에 벡터 x에 대한 벡터 y1을 그리기
hold on
% 플롯을 유지하도록 설정
y2=sin(x);
% 변수 y2에 sin(x)를 할당
plot(x,y2)
% Figure1 창에 벡터 x에 대한 벡터 y2를 그리기

Figure 창 결과

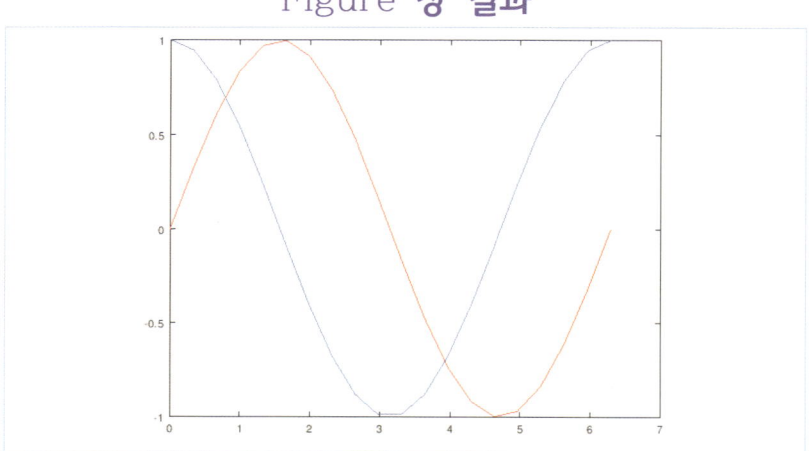

Chapter 1 옥타브 설치 및 시작 방법

코드명: View.m

```
x=linspace(-2*pi,2*pi,25);
y=linspace(-2*pi,2*pi,25);
[X,Y]=meshgrid(x,y);
Z=cos(X)+sin(Y);
figure(1)
surf(X,Y,Z)
figure(2)
surf(X,Y,Z)
view (2)
```

코드설명

```
x=linspace(-2*pi,2*pi,25);
y=linspace(-2*pi,2*pi,25);
% 임의의 두 벡터 선언
[X,Y]=meshgrid(x,y);
% 벡터 x와 y에 대한 2차원 그리드를 생성
Z=cos(X)+sin(Y);
% 변수 Z에 그리드 행렬 X, Y에 대하여 cos(X)+sin(Y)
를 계산하여 할당
figure(1)
surf(X,Y,Z)
% 3차원 공간에 그리드 행렬 X, Y에 대하여 Z를 지
```

정된 색을 사용하여 곡면 그리기
figure(2)
surf(X,Y,Z)
% 3차원 공간에 그리드 행렬 X, Y에 대하여 Z를 지정된 색을 사용하여 곡면 그리기
view (2)
% 3차원 그래프를 2차원으로 보기 (* 'view'와 '(2)' 사이에 띄어쓰기 주의)

Figure 창 결과

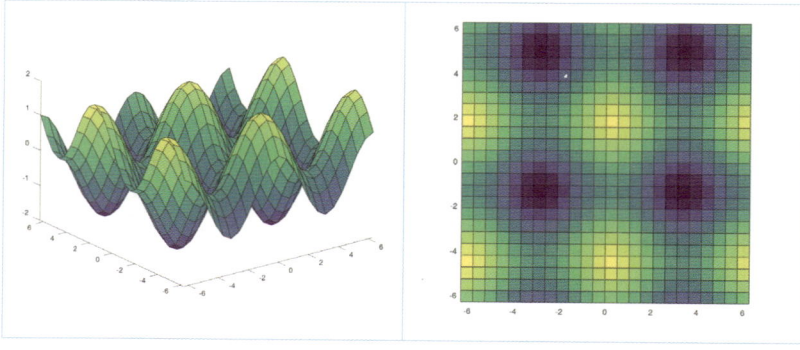

코드명: Image.m

clear; clf
figure(1); clf;
Im=imread('guard.jpg');
imshow(Im);

Chapter 1 옥타브 설치 및 시작 방법

코드설명

```
clear; clf
Img=imread('guard.jpg');
% 이미지 정보를 그레이스케일 값(0~255)으로 가져
온다. 이때 사용한 이미지 파일 guard.jpg는 코딩수학
웹페이지(http://elie.korea.ac.kr/~cfdkim/CodingMath/Ch1
1_Voronoi)에서 다운로드 받을 수 있다.
imshow(Img);
% Figure 창에 읽어온 이미지를 출력
```

Figure 창 결과

코딩수학

Chapter 2

Voronoi diagram
기초 예제

CHAPTER 2

Voronoi diagram

기초 예제

 보로노이 다이어그램(Voronoi diagram)이란 무엇인가?

보로노이 다이어그램의 명칭은 우크라이나 주라브키 태생의 러시아 수학자 조지 보로노이 (1868~1908, Georgy Voronoy)의 이름을 따온 다이어그램으로써, 주어진 점들과의 거리에 따라 영역을 나눈 그림을 말한다.

출처: https://en.wikipedia.org/wiki/Georgy_Voronoy

보로노이 다이어그램의 자세하고 엄밀한 내용은 다음의 참고문헌을 참조하기 바란다.

Franz Aurenhammer, Rolf Klein, Der-Tsai Lee, *Voronoi Diagrams and Delaunay Triangulations*, World Scientific, 2013.

보로노이 다이어그램은 다음 네 단계를 거쳐 얻을 수 있다.

Chapter 2 Voronoi diagram 기초 예제

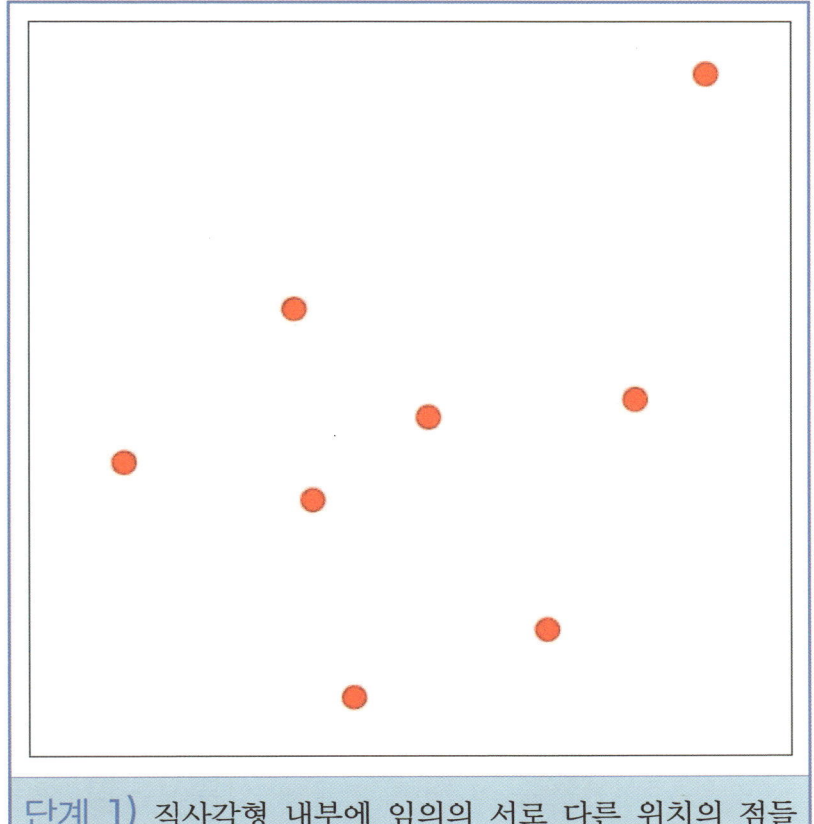

단계 1) 직사각형 내부에 임의의 서로 다른 위치의 점들을 생성한다.

보로노이 다이어그램

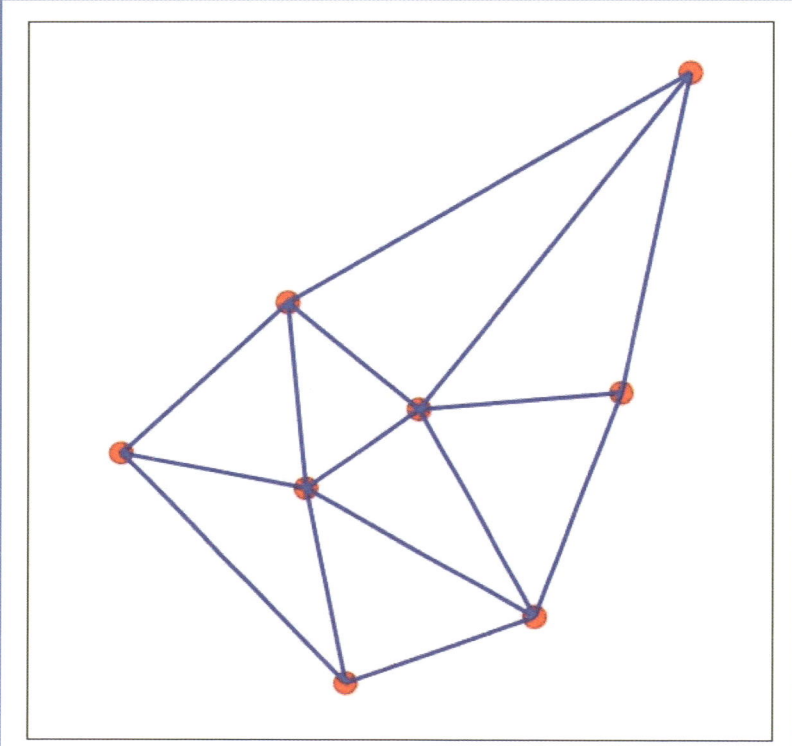

단계 2) 주어진 점을 이용하여 만들 수 있는 모든 삼각형들을 만든다. 이때, 삼각형의 외접원의 내부에 다른 점이 포함되면 해당 삼각형은 사용하지 않는다.

Chapter 2 Voronoi diagram 기초 예제

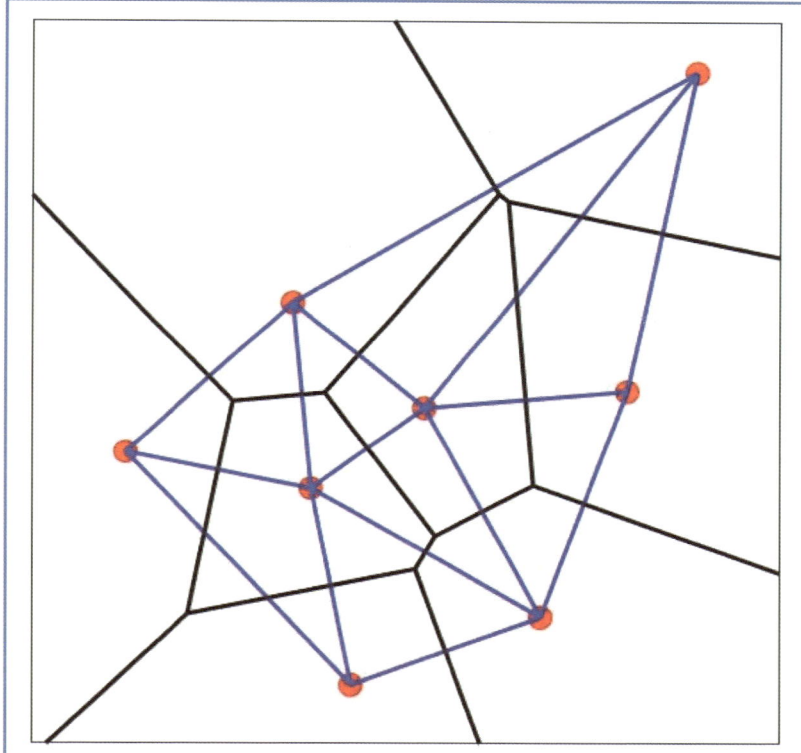

단계 3) 2번에서 얻은 삼각형들의 모서리를 수직이등분하는 선을 모두 그린다. 이때 각 삼각형의 외심이 세 개의 선의 교점이 되는데 각 점을 둘러싼 다각형이 나오도록 선의 일부를 지운다.

보로노이 다이어그램

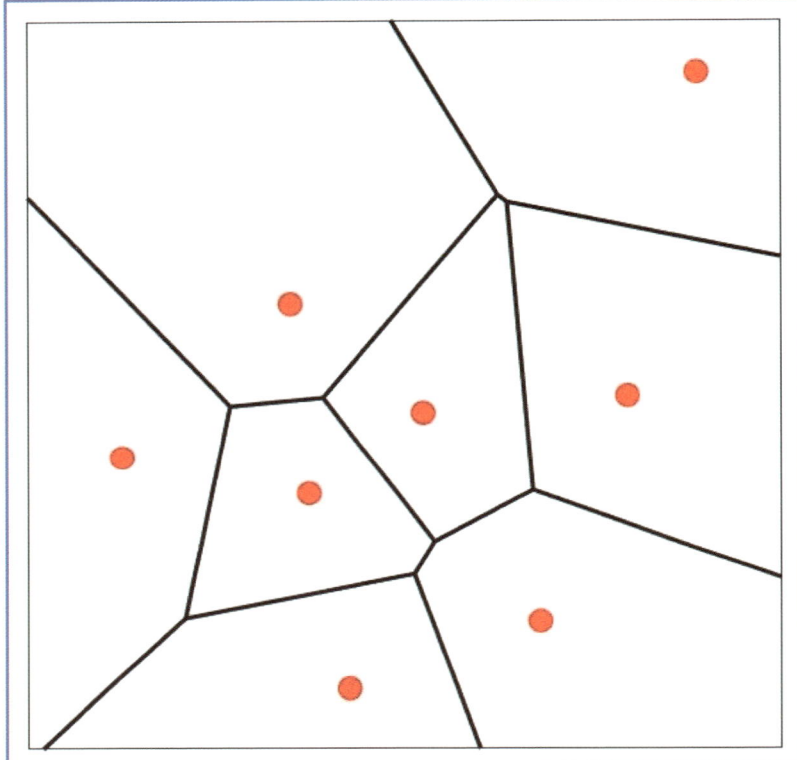

단계 4) 3번에서 얻은 그림에서 주어진 점을 이어서 만들었던 삼각형을 모두 지우면 보로노이 다이어그램을 얻을 수 있다.

Chapter 2 Voronoi diagram 기초 예제

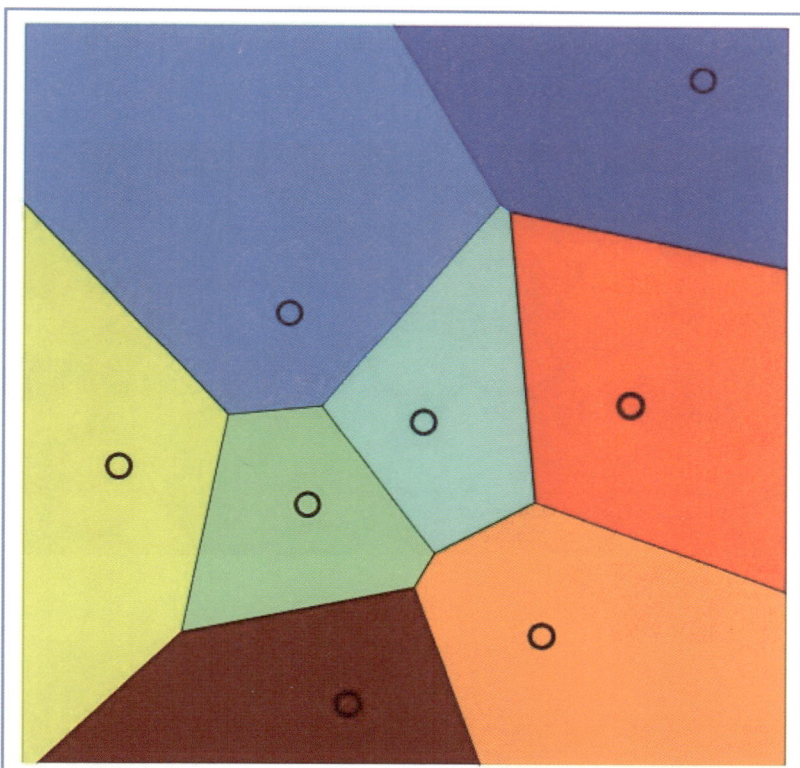

단계 4)에서 얻은 보로노이 다이어그램의 다각형을 다양한 색으로 칠한 결과이다. 이를 통해 타일을 색칠하는 문제에 쉽게 응용할 수 있다.

보로노이 다이어그램

 보로노이 다이어그램을 초콜릿을 이용해서 만들어 보자.

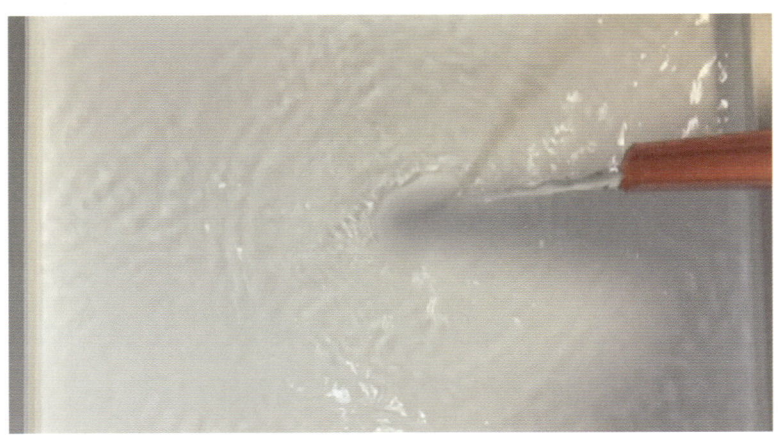

배경이 흰색인 평평한 용기에 물을 적당히 부어 준다.

Chapter 2 Voronoi diagram 기초 예제

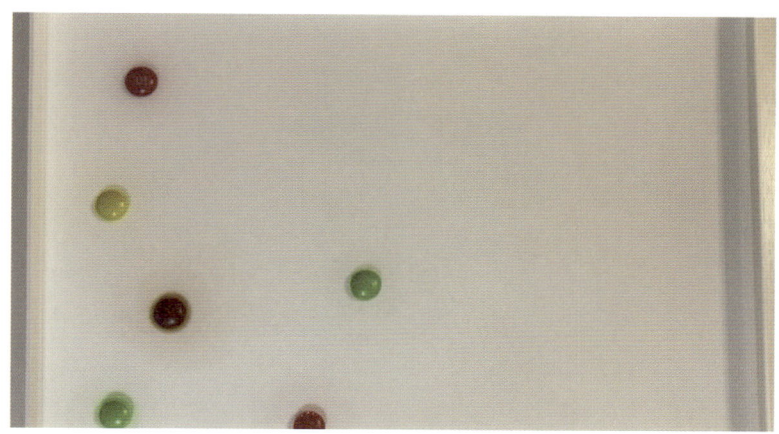

색소가 입혀진 초콜릿을 적당한 간격으로 둔다.

색소가 미리 빠지지 않도록 빠르게 골고루 초콜릿을 둔다.

보로노이 다이어그램

배치해 둔 초콜릿의 색소가 빠지기 시작한다.

보로노이 다이어그램이 완성되었다.

Chapter 2 Voronoi diagram 기초 예제

 왼쪽의 QR코드를 통해 초콜릿으로 보로노이 다이어그램을 만드는 것을 영상으로 확인할 수 있다.

보로노이 다이어그램에 대한 좀 더 자세한 설명은 네이버 블로그 [아빠가 들려주는 수학 이야기] 기린 얼룩무늬의 비밀-보로노이 다이어그램(Voronoi diagram)을 참고한다.

보로노이 다이어그램

 옥타브 코드를 작성해 보자.

$0 \le x \le 50$, $0 \le y \le 50$ 에서 임의의 10개의 점(x, y)을 선택해 보로노이 다이어그램을 만드는 코드를 작성해 보자.

코드명: VoronoiDiagram1.m

```
clear;
n=10; a=50; b=50;
rand('seed', 11);
xx=a*rand(n,1);
yy=b*rand(n,1);
z=randperm(n);
figure(1); clf;
plot(xx,yy,'o')
axis image; axis([0 a 0 b])
grid on
x=linspace(0,a,a+1);
y=linspace(0,b,b+1);
u=zeros(a+1,b+1);
for i=1:a+1
    for j=1:b+1
        for k=1:n
            d(k)=sqrt((x(i)-xx(k))^2+(y(j)-yy(k))^2);
        end
```

Chapter 2 Voronoi diagram 기초 예제

```
            [t dmin]=min(d);
            u(i,j)=z(dmin);
      end
end
figure(2); clf;
mesh(x,y,u'); hold on
plot3(xx,yy,z+0.2,'ro')
```

코드설명

```
clear;
% 작업 공간 초기화
n=10; a=50; b=50;
rand('seed', 11);
% 코드 실행 시 같은 결과를 보기 위해 랜덤 시드 설정
xx=a*rand(n,1);
% 원소가 0부터 a 사이의 난수인 (n x 1) 행렬 선언
yy=b*rand(n,1);
% 원소가 0부터 b 사이의 난수인 (n x 1) 행렬 선언
z=randperm(n);
% 1부터 n까지의 정수로 구성된 무작위 순열 생성
figure(1); clf;
% Figure 1 창 생성 및 초기화
plot(xx,yy,'o')
% (xx,yy) 순서쌍을 심볼 'o'을 사용하여 플롯
axis image; axis([0 a 0 b])
```

보로노이 다이어그램

% 좌표축 상자를 데이터에 맞게 맞춤. x축 0부터 a까지,
y축 0부터 b까지 제한
grid on
% Figure 1 창에 격자 생성
x=linspace(0,a,a+1);
% x는 0부터 a 사이에 균일한 간격의 (a+1)개 점으로 구성된 행벡터
y=linspace(0,b,b+1);
% y는 0부터 b 사이에 균일한 간격의 (b+1)개 점으로 구성된 행벡터
u=zeros(a+1,b+1);
% u는 (a+1)x(b+1)인 영행렬
for i=1:a+1
    for j=1:b+1
        for k=1:n
           d(k)=sqrt((x(i)-xx(k))^2+(y(j)-yy(k))^2);
% (x,y)에서 (xx,yy)까지 거리 계산
        end
        [t dmin]=min(d);
% (x,y)에서 가장 가까운 점을 찾기 계산된 거리 중 최솟값(t)과 인덱스 값(dmin) 저장
        u(i,j)=z(dmin);
    end
end
figure(2); clf;
% Figure 2 창 생성 및 초기화

Chapter 2 Voronoi diagram 기초 예제

mesh(x,y,u'); hold on
% (x,y,u') 순서쌍 곡면 플롯 생성. 그림 잡아두기
plot3(xx,yy,z+0.2,'ro')
% (xx,yy,z) 순서쌍을 빨간색 'o'로 그리기
% 플롯 생성 시 심볼을 잘 보기 위해 z의 위치를 z+0.2
로 이동

Figure 창 결과

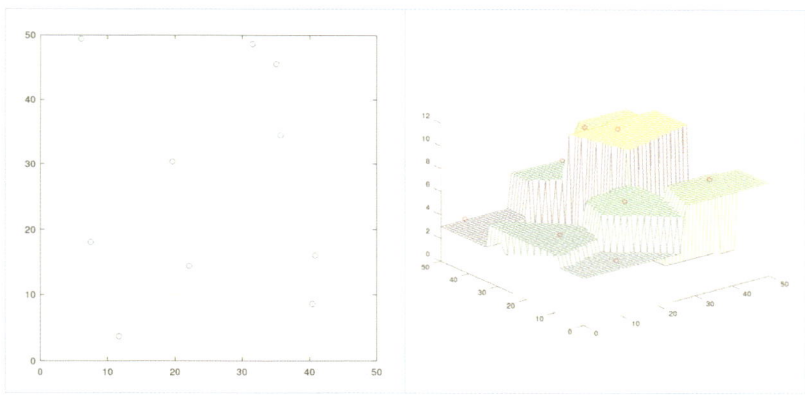

65

보로노이 다이어그램

점의 개수를 늘려서 코드를 작성해 보자.
앞에서 작성한 코드를 응용하여 점의 개수와 영역을 확장해서 코드를 작성해 보자.
$0 \leq x \leq 200, 0 \leq y \leq 200$ 에서 임의의 50개의 점 (x, y)을 선택해 보로노이 다이어그램을 만들어 보자.

코드명: VoronoiDiagram2.m

```
clear;
n=50; a=200; b=200;
rand('seed', 11);
xx=a*rand(n,1);
yy=b*rand(n,1);
z=randperm(n);
figure(1); clf;
plot(xx,yy,'o')
axis image; axis([0 a 0 b])
grid on
x=linspace(0,a,a+1);
y=linspace(0,b,b+1);
u=zeros(a+1,b+1);
for i=1:a+1
    for j=1:b+1
        for k=1:n
            d(k)=sqrt((x(i)-xx(k))^2+(y(j)-yy(k))^2);
```

Chapter 2 Voronoi diagram 기초 예제

```
            end
            [t dmin]=min(d);
            u(i,j)=z(dmin);
        end
end
figure(2); clf;
surf(x,y,u'); shading interp; hold on
plot3(xx,yy,z,'ro')
view (2)
axis image
```

코드설명

```
clear;
% 작업 공간 초기화
n=50; a=200; b=200;
rand('seed', 11);
% 코드 실행 시 같은 결과를 보기 위해 랜덤 시드 설정
xx=a*rand(n,1);
% 원소가 0부터 a 사이의 난수인 (n x 1) 행렬 선언
yy=b*rand(n,1);
% 원소가 0부터 b 사이의 난수인 (n x 1) 행렬 선언
z=randperm(n);
% 1부터 n까지의 정수로 무작위 순열 생성
figure(1); clf;
% Figure 1 창 생성 및 초기화
```

보로노이 다이어그램

```
plot(xx,yy,'o')
```
% (xx,yy) 순서쌍을 심볼 'o'을 사용하여 플롯
```
axis image; axis([0 a 0 b])
```
% 좌표축 상자를 데이터에 맞게 맞춤. x축 0부터 a까지, y축 0부터 b까지 제한
```
grid on
```
% Figure 1 창에 격자 생성
```
x=linspace(0,a,a+1);
```
% x는 0부터 a 사이에 균일한 간격의 (a+1)개 점으로 구성된 행벡터
```
y=linspace(0,b,b+1);
```
% y는 0부터 b 사이에 균일한 간격의 (b+1)개 점으로 구성된 행벡터
```
u=zeros(a+1,b+1);
```
% u는 (a+1)x(b+1)인 영행렬
```
for i=1:a+1
    for j=1:b+1
        for k=1:n
            d(k)=sqrt((x(i)-xx(k))^2+(y(j)-yy(k))^2);
```
% (x,y)에서 (xx,yy)까지 거리 계산
```
        end
        [t dmin]=min(d);
```
% (x,y)에서 가장 가까운 점을 찾기 계산된 거리 중 최솟값(t)과 인덱스 값(dmin) 저장
```
        u(i,j)=z(dmin);
    end
```

Chapter 2 Voronoi diagram 기초 예제

end
figure(2); clf;
% Figure 2 창 생성 및 초기화
surf(x,y,u'); shading interp; hold on
% (x,y,u') 순서쌍 곡면 플롯 생성, 각 선분과 면의 색 변화 설정, 그림 잡아두기
plot3(xx,yy,z,'ro')
% (xx,yy,z) 순서쌍을 빨간색 'o'로 그리기
view (2)
% 2차원으로 보기
axis image;
% 좌표축 상자를 데이터에 맞게 맞춤

Figure 창 결과

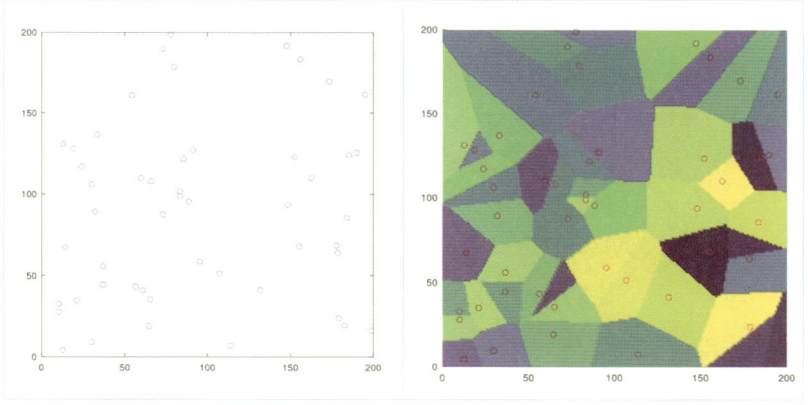

보로노이 다이어그램

다른 방법으로 코드를 작성해 보자.
"VoronoiDiagram1.m" 코드를 다른 방법으로 작성해 보자.

코드명: VoronoiDiagramDot.m

```
clear;
n=10; a=50; b=50;
rand('seed', 11);
xx=a*rand(n,1);
yy=b*rand(n,1);
figure(1); clf
plot(xx,yy,'o')
axis image; axis([0 a 0 b])
grid on
x=linspace(0,a,a+1);
y=linspace(0,b,b+1);
figure(2); clf; hold on
for i=1:a+1
    for j=1:b+1
        s=1000;
        for k=1:n
            d(k)=sqrt((x(i)-xx(k))^2+(y(j)-yy(k))^2);
            if d(k)<s
                s=d(k);
                m=k;
            end
        end
```

Chapter 2 Voronoi diagram 기초 예제

```
            if m==1
                plot(x(i),y(j),'mo', 'linewidth', 5)
            elseif m==2
                plot(x(i),y(j),'yo', 'linewidth', 5)
            elseif m==3
                plot(x(i),y(j),'go', 'linewidth', 5)
            elseif m==4
                plot(x(i),y(j),'ro', 'linewidth', 5)
            elseif m==5
                plot(x(i),y(j),'co', 'linewidth', 5)
            elseif m==6
                plot(x(i),y(j),'po', 'linewidth', 5)
            elseif m==7
                plot(x(i),y(j),'oo', 'linewidth', 5)
            elseif m==8
                plot(x(i),y(j),'bo', 'linewidth', 5)
            elseif m==9
                plot(x(i),y(j),'wo', 'linewidth', 5)
            else
                plot(x(i),y(j),'ko', 'linewidth', 5)
            end
        end
end
axis image;
```

보로노이 다이어그램

코드설명

```
clear;
% 작업 공간 초기화
n=10; a=50; b=50;
rand('seed', 11);
% 코드 실행 시 같은 결과를 보기 위해 랜덤 시드 설정
xx=a*rand(n,1);
% 원소가 0부터 a 사이의 난수인 (n x 1) 행렬 선언
yy=b*rand(n,1);
% 원소가 0부터 b 사이의 난수인 (n x 1) 행렬 선언
figure(1); clf;
% Figure 1 창 생성 및 초기화
plot(xx,yy,'o')
% (xx,yy) 순서쌍을 심볼 'o'을 사용하여 플롯
axis image; axis([0 a 0 b])
% 좌표축 상자를 데이터에 맞게 맞춤. x축 0부터 a까지, y축 0부터 b까지 제한
grid on
% Figure 1 창에 격자 생성
x=linspace(0,a,a+1);
% x는 0부터 a 사이에 균일한 간격의 (a+1)개 점으로 구성된 행벡터
y=linspace(0,b,b+1);
% y는 0부터 b 사이에 균일한 간격의 (b+1)개 점으로 구성된 행벡터
```

Chapter 2 Voronoi diagram 기초 예제

```
figure(2);  clf;  hold on
% Figure 2 창 생성 및 초기화, 그림 잡아두기
for  i=1:a+1
    for  j=1:b+1
        s=1000;
        for  k=1:n
            d(k)=sqrt((x(i)-xx(k))^2+(y(j)-yy(k))^2);
% (x,y)에서 (xx,yy)까지 거리 계산
            if  d(k)<s
                s=d(k);  m=k;
            end
% 계산된 거리 d(k)를 s에 저장하고 인덱스 k를 m에 저장
        end
        if m==1
            plot(x(i),y(j),'mo', 'linewidth',  5)
        elseif  m==2
            plot(x(i),y(j),'yo', 'linewidth',  5)
        elseif  m==3
            plot(x(i),y(j),'go', 'linewidth',  5)
        elseif  m==4
            plot(x(i),y(j),'ro', 'linewidth',  5)
        elseif  m==5
            plot(x(i),y(j),'co', 'linewidth',  5)
        elseif  m==6
            plot(x(i),y(j),'ko', 'linewidth',  5)
        elseif  m==7
```

보로노이 다이어그램

```
                plot(x(i),y(j),'wo', 'linewidth', 5)
        elseif m==8
                plot(x(i),y(j),'bo', 'linewidth', 5)
        elseif m==9
                plot(x(i),y(j),'o','color',[1 0.5 0],'linewidth',5)
        else
                plot(x(i),y(j),'o','color',[0 1 0.5],'linewidth',5)
% 각각의 m에 따라 지정된 색의 점을 (x(i),y(j)) 위치에
그리기
        end
end
axis image;
% 좌표축 상자를 데이터에 맞게 맞춤
```

Figure 창 결과

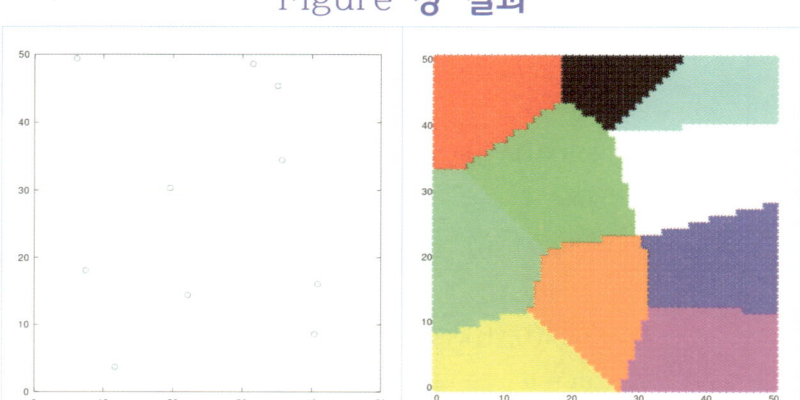

Chapter 2 Voronoi diagram 기초 예제

 **택시거리(taxicab distance)란 무엇인가?**

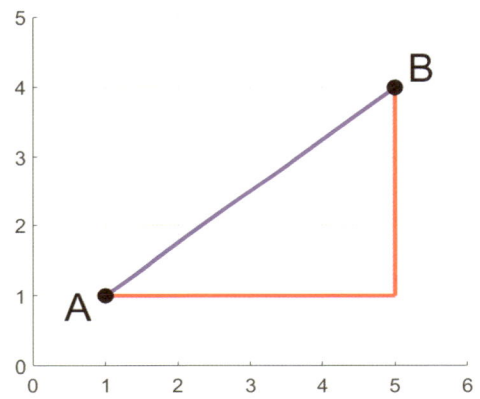

평면상의 두 점을 각각 $A(x_1, y_1)$와 $B(x_2, y_2)$라고 하자. 이때 일반적인 두 점 사이의 최단거리는 유클리드 거리를 사용하며 정의는

$$d = \sqrt{(x_1-x_2)^2 + (y_1-y_2)^2}$$

이다. 하지만 택시거리(taxicab distance)는 도로를 통해서만 갈 수 있다는 제약조건 때문에 다음과 같이 정의된다.

$$d_{taxi} = |x_1 - x_2| + |y_1 - y_2|$$

예를 들어 $A(1,1)$와 $B(5,4)$ 사이의 최단거리 d는 공식에 따라

$$d = \sqrt{(5-1)^2 + (4-1)^2} = \sqrt{4^2 + 3^2} = \sqrt{25} = 5$$

이다. 그림 상에서 파란색 선이다. 그리고 택시거리 d_{taxi}는 공식에 따라

$$d_{taxi} = |5-1| + |4-1| = 4+3 = 7$$

이다. 그림 상에서 빨간색 선이다. 위 예시에서 d_{taxi}가 7로, 값이 5인 d보다 더 크다는 것을 알 수 있다. 택시거리는 두 점 사이의 최단거리보다 항상 더 크거나 같다.

Chapter 2 Voronoi diagram 기초 예제

 **보로노이 다이어그램에 택시거리를
적용해 보자.**

앞의 코드는 거리를 계산할 때 유클리드 거리를 기준으로 작성되었다. 그러나 실제 상황에 적용하게 되면 도로 및 장애물 등 여러 가지 조건이 있어 유클리드 거리가 적합하지 않을 수 있다. 따라서 현실에 적용하기 위해서는 택시거리가 유용할 수 있다. 택시거리를 기준으로 보로노이 다이어그램을 만들어 보자.

임의의 점 5개를 생성하여 보로노이 다이어그램을 유클리드 거리와 택시거리를 기준으로 비교하는 코드를 작성해 보자.

코드명: TaxiVoronoi.m

```
clear;
n=5; a=200; b=200;
rand('seed', 11);
xx=a*rand(n,1);
yy=b*rand(n,1);
z=randperm(n);
x=linspace(0,a,a+1);
y=linspace(0,b,b+1);
u=zeros(a+1,b+1);
ut=zeros(a+1,b+1);
```

보로노이 다이어그램

```
for i=1:a+1
    for j=1:b+1
        for k=1:n
            d(k)=sqrt((x(i)-xx(k))^2+(y(j)-yy(k))^2);
            dt(k)=abs(x(i)-xx(k))+abs(y(j)-yy(k));
        end
        [t dmin]=min(d);
        [tt dtmin]=min(dt);
        u(i,j)=z(dmin);
        ut(i,j)=z(dtmin);
    end
end
figure(1); clf;
surf(x,y,u'); shading interp; hold on
plot3(xx,yy,z,'ro')
view (2)
figure(2); clf;
surf(x,y,ut'); shading interp; hold on
plot3(xx,yy,z,'ro')
view (2)
```

코드설명

```
clear;
% 작업 공간 초기화
n=5; a=200; b=200;
rand('seed', 11);
```

Chapter 2 Voronoi diagram 기초 예제

```
% 코드 실행 시 같은 결과를 보기 위해 랜덤 시드 설정
xx=a*rand(n,1);
% 원소가 0부터 a 사이의 난수인 (n x 1) 행렬 선언
yy=b*rand(n,1);
% 원소가 0부터 b 사이의 난수인 (n x 1) 행렬 선언
z=randperm(n);
% 1부터 n까지의 정수로 무작위 순열 생성
x=linspace(0,a,a+1);
% x는 0부터 a 사이에 균일한 간격의 (a+1)개 점으로 구
성된 행벡터
y=linspace(0,b,b+1);
% y는 0부터 b 사이에 균일한 간격의 (b+1)개 점으로 구
성된 행벡터
u=zeros(a+1,b+1);
% u는 (a+1)x(b+1)인 영행렬
ut=zeros(a+1,b+1);
% ut는 (a+1)x(b+1)인 영행렬
for  i=1:a+1
    for  j=1:b+1
        for  k=1:n
            d(k)=sqrt((x(i)-xx(k))^2+(y(j)-yy(k))^2);
% (x,y)에서 (xx,yy)까지 유클리드 거리 계산
            dt(k)=abs(x(i)-xx(k))+abs(y(j)-yy(k));
% (x,y)에서 (xx,yy)까지 택시거리 계산
        end
        [t dmin]=min(d);
% (x,y)에서 가장 가까운 점을 찾기 유클리드 거리로 계
```

보로노이 다이어그램

산된 거리 중 최솟값(t)과 인덱스 값(dmin) 저장
        [tt dtmin]=min(dt);
% (x,y)에서 가장 가까운 점을 찾기 택시거리로 계산된 거리 중 최솟값(tt)과 인덱스 값(dtmin) 저장
        u(i,j)=z(dmin);
        ut(i,j)=z(dtmin);
    end
end
figure(1); clf;
% Figure 1 창 생성 및 초기화
surf(x,y,u'); shading interp; hold on
% (x,y,u') 순서쌍 곡면 플롯 생성, 각 선분과 면의 색 변화 설정, 그림 잡아두기
plot3(xx,yy,z,'ro')
% (xx,yy,z) 순서쌍을 빨간색 'o'로 그리기
view (2)
% 2차원으로 보기
figure(2); clf;
% Figure 2 창 생성 및 초기화
surf(x,y,ut'); shading interp; hold on
% (x,y,ut') 순서쌍 곡면 플롯 생성, 각 선분과 면의 색 변화 설정, 그림 잡아두기
plot3(xx,yy,z,'ro')
% (xx,yy,z) 순서쌍을 빨간색 'o'로 그리기
view (2)
% 2차원으로 보기

Chapter 2 Voronoi diagram 기초 예제

Figure 창 결과

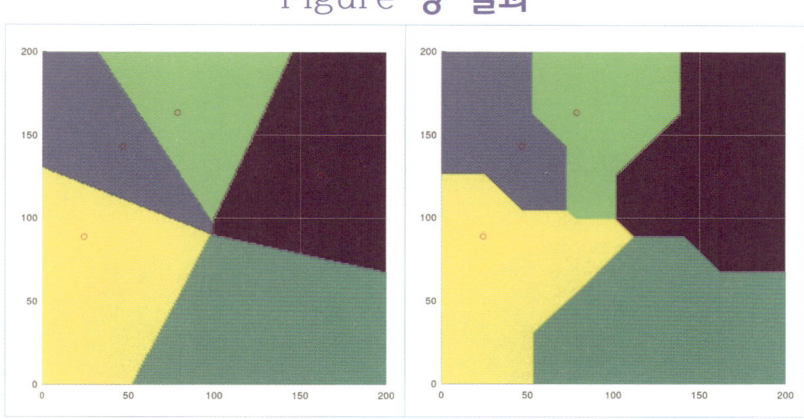

위 왼쪽 그림은 유클리드 거리를 적용한 결과이고, 오른쪽 그림은 택시거리를 적용한 결과이다.

보로노이 다이어그램

 ## 보로노이 다이어그램을 활용한 예제

- 공공기관 관할구역 분할 방법

공공기관을 이용할 때, 접근성이 좋고 가까운 위치에 있는 기관을 이용하는 것이 편리하다. 효율적으로 공간을 나누는 문제를 '분할 문제'라고 한다. 보로노이 다이어그램은 특정 점들을 기준으로 하여 가까이 있는 점들로 공간을 나누는 성질이 있기 때문에 공공기관 관할구역에 대한 분할 문제를 해결하기 위한 핵심역할을 할 수 있다. 참고로, 공공의 이익을 생각하는 공공기관이 아닌 높은 이윤을 목적으로 하는 자영업종의 가게는 모든 사람이 아닌 특정 소비층을 대상으로 하여 위치를 선정하기 때문에 보로노이 다이어그램이 적용되기 어렵다.

Chapter 2 Voronoi diagram 기초 예제

각 점들을 공공기관이라 생각하고 보로노이 다이어그램을 적용하면 공공기관의 관할구역은 보로노이 다각형이 된다. 하지만 보로노이 다이어그램은 유클리드 거리를 기준으로 나눈 방법이기 때문에, 실제로 적용하여 합리적인 관할구역을 찾기에는 어려움이 있다. 예를 들어, 어떤 한 지역에서 출발하여 다른 한 지역으로 가는 도중에 오르막길이나 강이 있거나 도로가 없는 경우에는 유클리드 거리가 가장 짧은 경로가 아니다. 따라서 실제 공공기관의 관할구역을 효율적으로 분할 하고자 한다면 인구, 도로, 지형 등의 여러 가지 조건을 적용한 보로노이 다이어그램을 생각하여야 한다. 이 책에서는 택시거리를 적용한 보로노이 다이어그램을 이용하여 공공기관의 합리적인 관할구역을 찾아보도록 하자.

보로노이 다이어그램

 **구글맵스를 이용하여 경도와 위도 찾기**

1. 구글 맵스(https://www.google.co.kr/maps)에 접속하자.

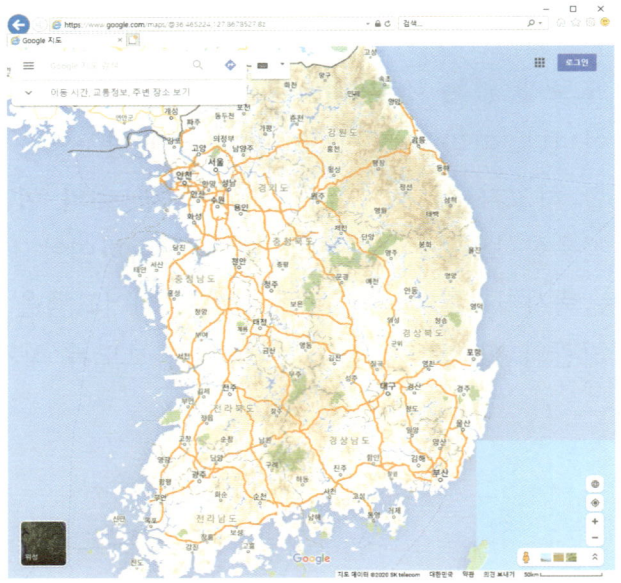

2. 공공기관의 좌표를 알아보자.
2.1. 좌측 상단에 검색 창에 공공기관을 검색하자.
2.2. 주소창에 @위도, 경도 순으로 관광지의 좌표를 알 수 있다.

Chapter 2 Voronoi diagram 기초 예제

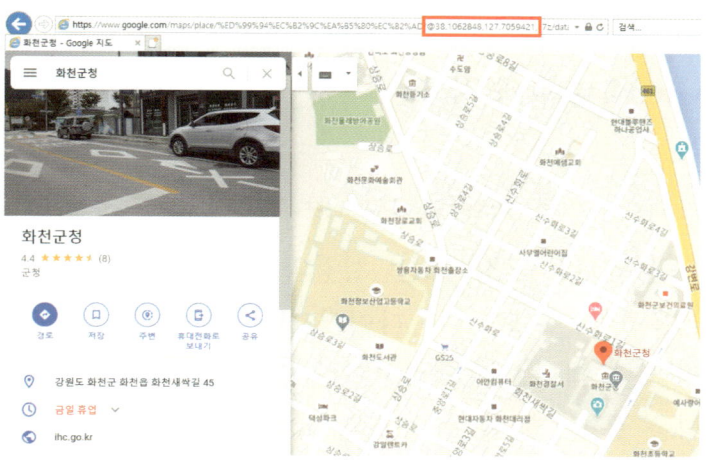

좀 더 자세하게 보면 다음과 같다.

@38.1062848,127.7059421

따라서 위도는 38.1062848 이고
경도는 127.7059421 이다.

보로노이 다이어그램

 ## 공공기관 관할구역을 분할하는 코드를 작성해 보자

1. 강원도 일부 지역(화천군, 양구군, 인제군, 춘천시, 홍천군)의 각 군청 또는 시청의 위치를 위도와 경도를 이용하여 보로노이 다이어그램으로 분할을 해보자. 이를 통해 실제 행정구역과 보로노이 다이어그램 코딩을 통한 분할이 비슷한지 알아보자.

		경도	위도
화천군	화천군청	127.7059	38.10628
양구군	양구군청	128.0127	38.20386
인제군	인제군청	128.1703	38.06986
춘천시	춘천시청	127.7301	37.88132
홍천군	홍천군청	127.8888	37.69706

Chapter 2 Voronoi diagram 기초 예제

코드명: GangwonVoronoi.m

```
clear;
n=5;
xx=[127.7059 128.0127 128.1703 127.7301 127.8888];
yy=[38.10628 38.20386 38.06986 37.88132 37.69706];
z=randperm(n);
x=linspace(127.7,128.2,51);
y=linspace(37.6,38.3,71);
u=zeros(51,71);
for i=1:51
    for j=1:71
        for k=1:n
            d(k)=sqrt((x(i)-xx(k))^2+(y(j)-yy(k))^2);
            dt(k)=abs(x(i)-xx(k))+abs(y(j)-yy(k));
        end
    end
    [t dmin]=min(d);
    [tt dtmin]=min(dt);
    u(i,j)=z(dmin);
    ut(i,j)=z(dtmin);
    end
end
figure(1); clf;
surf(x,y,u'); shading interp; hold on;
plot3(xx,yy,z,'ro')
view (2)
```

보로노이 다이어그램

```
figure(2); clf;
surf(x,y,ut'); shading interp; hold on
plot3(xx,yy,z,'ro')
view (2)
```

코드설명

```
clear;
% 작업 공간 초기화
n=5;
% 5개 군 설정
xx=[127.7059 128.0127 128.1703 127.7301 127.8888];
% xx는 각 군의 경도 데이터
yy=[38.10628 38.20386 38.06986 37.88132 37.69706];
% yy는 각 군의 위도 데이터
z=randperm(n);
% 1부터 n까지의 정수로 무작위 순열 생성
x=linspace(127.7,128.2,51);
% x는 127.7부터 128.2 사이의 간격이 0.01인 51개 점으로 구성된 행벡터
y=linspace(37.6,38.3,71);
% y는 37.6부터 38.3 사이의 간격이 0.01인 71개 점으로 구성된 행벡터
u=zeros(51,71);
% u는 (51 x 71) 영행렬
figure(3); clf; hold on
```

Chapter 2 Voronoi diagram 기초 예제

```
% Figure 3 창 생성 및 초기화, 그림 잡아두기
for i=1:51
    for j=1:71
        for k=1:n
            d(k)=sqrt((x(i)-xx(k))^2+(y(j)-yy(k))^2);
% (x,y)에서 (xx,yy)까지 유클리드 거리 계산
            dt(k)=abs(x(i)-xx(k))+abs(y(j)-yy(k));
% (x,y)에서 (xx,yy)까지 택시거리 계산
        end
        [t dmin]=min(d);
% (x,y)에서 가장 가까운 점을 찾기 유클리드 거리로 계
산된 거리 중 최솟값(t)과 인덱스 값(dmin) 저장
        [tt dtmin]=min(dt);
% (x,y)에서 가장 가까운 점을 찾기 택시거리로 계산된
거리 중 최솟값(tt)과 인덱스 값(dtmin) 저장
        u(i,j)=z(dmin);
        ut(i,j)=z(dtmin);
    end
end
figure(1); clf;
% Figure 1 창 생성 및 초기화
surf(x,y,u'); shading interp; hold on;
% (x,y,u') 순서쌍 곡면 플롯 생성, 각 선분과 면의 색 변
화 설정, 그림 잡아두기
plot3(xx,yy,z,'ro')
% (xx,yy,z) 순서쌍을 빨간색 'o'로 그리기
```

보로노이 다이어그램

view (2)
% 2차원으로 보기
figure(2); clf;
% Figure 2 창 생성 및 초기화
surf(x,y,ut'); shading interp; hold on
% (x,y,ut') 순서쌍 곡면 플롯 생성, 각 선분과 면의 색 변화 설정, 그림 잡아두기
plot3(xx,yy,z,'ro')
% (xx,yy,z) 순서쌍을 빨간색 'o'로 그리기
view (2)
% 2차원으로 보기

Figure 창 결과

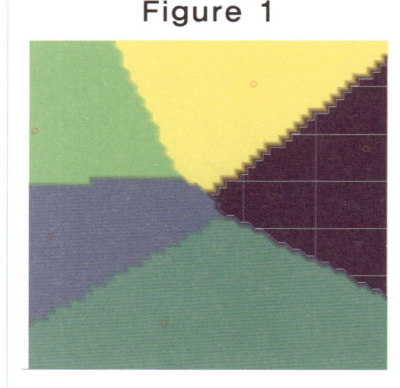
Figure 1

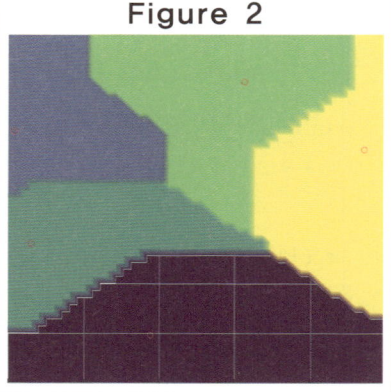
Figure 2

Chapter 2 Voronoi diagram 기초 예제

유클리드 거리가 적용된 보로노이 다이어그램(Figure 1)은 대략적으로 비슷하나 양구군 인제군이 실제 행정구역과 차이가 있다. 택시거리가 적용된 보로노이 다이어그램(Figure 2)이 실제 지역의 모습과 더 유사하다.

보로노이 다이어그램

2. 미국 48개주(알래스카, 하와이주 제외) 주도의 위도와 경도를 이용하여 48개의 점을 나타내고 이 점을 기준으로 한 보로노이 다이어그램으로 분할하는 코드를 작성해 보자.

코드명: AmericaVoronoi.m

```
clear;
n=48;
xx=[
  -86.313950,-112.050364,-92.283700,-121.491811,
  -104.993913,-72.670628,-75.525954,-84.248504,
  -84.403017,-116.222252,-89.643375,-86.163694,
  -93.622677,-95.680583,-84.865512,-91.187017,
  -69.772397,-76.491649,-71.059282,-84.566390,
  -93.085868,-90.188313,-92.174832,-112.036843,
  -96.696244,-119.772615,-100.775599,-82.977475,
  -97.693769,-123.043771,-76.971937,-71.412804,
  -81.069169,-100.353020,-86.796045,-97.750985,
  -111.931525,-72.575140,-77.443343,-122.900812,
  -81.632914,-89.398324,-104.760467,-71.534373,
  -74.758808,-73.754474,-78.631121,-105.927501];
yy=[
  32.393091,33.465052,34.747388,38.542856,39.754178,
  41.762865,39.166294,30.458095,33.749176,43.585907,
  39.782858,39.807949,41.590552,39.051041,38.224071,
```

Chapter 2 Voronoi diagram 기초 예제

```
            30.486365,44.346470,38.978789,42.325333,42.773855,
            44.946178,32.299950,38.587459,46.588658,40.836026,
            39.158686,46.848520,40.007608,35.410128,44.968747,
            40.349155,41.827652,34.046699,44.367173,36.187331,
            30.302322,40.779179,44.279360,37.529502,47.040314,
            38.378220,43.069130,41.165319,43.209854,40.220857,
            42.707480,35.785554,35.744873];
z=randperm(n);
x=linspace(-130,-60,701);
y=linspace(30,50,201);
u=zeros(701,201);
for i=1:701
    for j=1:201
        for k=1:n
            d(k)=sqrt((x(i)-xx(k))^2+(y(j)-yy(k))^2);
        end
        [t dmin]=min(d);
        u(i,j)=z(dmin);
    end
end
figure(1); clf;
surf(x,y,u'); shading interp; hold on;
plot3(xx,yy,z,'ro')
view (2)
axis image;
```

보로노이 다이어그램

코드설명

```
clear;
% 작업 공간 초기화
n=48;
% 48개 주 설정
xx=[
  -86.313950,-112.050364,-92.283700,-121.491811,
  -104.993913,-72.670628,-75.525954,-84.248504,
  -84.403017,-116.222252,-89.643375,-86.163694,
  -93.622677,-95.680583,-84.865512,-91.187017,
  -69.772397,-76.491649,-71.059282,-84.566390,
  -93.085868,-90.188313,-92.174832,-112.036843,
  -96.696244,-119.772615,-100.775599,-82.977475,
  -97.693769,-123.043771,-76.971937,-71.412804,
  -81.069169,-100.353020,-86.796045,-97.750985,
  -111.931525,-72.575140,-77.443343,-122.900812,
  -81.632914,-89.398324,-104.760467,-71.534373,
  -74.758808,-73.754474,-78.631121,-105.927501];
% xx는 각 주도의 경도 데이터
yy=[
  32.393091,33.465052,34.747388,38.542856,39.754178,
  41.762865,39.166294,30.458095,33.749176,43.585907,
  39.782858,39.807949,41.590552,39.051041,38.224071,
  30.486365,44.346470,38.978789,42.325333,42.773855,
  44.946178,32.299950,38.587459,46.588658,40.836026,
```

Chapter 2 Voronoi diagram 기초 예제

    39.158686,46.848520,40.007608,35.410128,44.968747,
    40.349155,41.827652,34.046699,44.367173,36.187331,
    30.302322,40.779179,44.279360,37.529502,47.040314,
    38.378220,43.069130,41.165319,43.209854,40.220857,
    42.707480,35.785554,35.744873];
% yy는 각 주도의 위도 데이터
z=randperm(n);
% 1부터 n까지의 정수로 무작위 순열 생성
x=linspace(-130,-60,701);
% x는 -130부터 -60 사이의 간격이 0.1인 701개 점으로 구성된 행벡터
y=linspace(30,50,201);
% y는 30부터 50 사이의 간격이 0.1인 201개 점으로 구성된 행벡터
u=zeros(701,201);
% u는 (701 x 201) 영행렬
for i=1:701
    for j=1:201
        for k=1:n
            d(k)=sqrt((x(i)-xx(k))^2+(y(j)-yy(k))^2);
% (x,y)에서 (xx,yy)까지 유클리드 거리 계산
        end
        [t dmin]=min(d);
% (x,y)에서 가장 가까운 점을 찾기 계산된 거리 중 최솟값(t)과 인덱스 값(dmin) 저장
        u(i,j)=z(dmin);

보로노이 다이어그램

```
        end
end
figure(1); clf;
% Figure 1 창 생성 및 초기화
surf(x,y,u'); shading interp; hold on;
% (x,y,u') 순서쌍 곡면 플롯 생성, 각 선분과 면의 색 변
화 설정, 그림 잡아두기
plot3(xx,yy,z,'ro')
% (xx,yy,z) 순서쌍을 빨간색 'o'로 그리기
xticks([])
% x축 제거
yticks([])
% y축 제거
view (2)
% 2차원으로 보기
```

Chapter 2 Voronoi diagram 기초 예제

Figure 창 결과

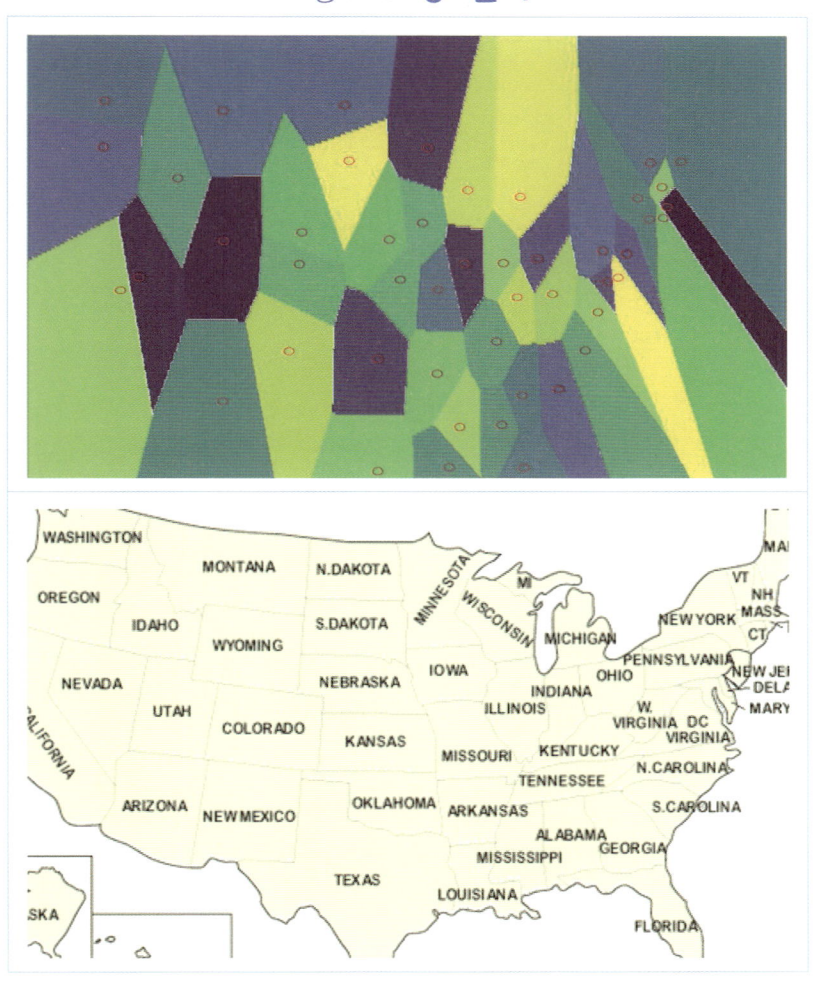

97

보로노이 다이어그램

3. 지도에 보이는 방범대의 위치를 저장하고 보로노이 다이어그램을 만들어 하나의 방범대가 관리하는 구역을 살펴보자.

코드명: GuardVoronoi.m

```
clear;
n=12;
figure(1); clf;
img=imread('guard.jpg');
imshow(img); hold on
imsz=size(img);
[xx,yy]=ginput(n);
plot(xx,yy,'ro','MarkerFaceColor','r')
z=randperm(n);
```

Chapter 2 Voronoi diagram 기초 예제

```
x=linspace(0,imsz(2),imsz(2)+1);
y=linspace(0,imsz(1),imsz(1)+1);
u=zeros(imsz(2)+1,imsz(1)+1);
for i=1:imsz(2)+1
    for j=1:imsz(1)+1
        for k=1:n
            d(k)=sqrt((x(i)-xx(k))^2+(y(j)-yy(k))^2);
        end
        [t dmin]=min(d);
        u(i,j)=z(dmin);
    end
end
figure(2); clf;
surf(x,y,u'); shading interp; hold on
plot3(xx,yy,z+0.2,'ro','MarkerFaceColor','r');
imshow(img)
xticks([]); yticks([]);
axis image
```

코드설명

```
clear;
% 작업 공간 초기화
n=12;
% 지도 상에 보이는 방범대 수
figure(1); clf;
```

보로노이 다이어그램

```matlab
% Figure 1 창 생성 및 초기화
img=(imread('guard.jpg'));
% 방범대 지도 이미지 불러오기
imshow(img); hold on
% 방범대 지도 이미지 출력
imsz=size(img);
% 방범대 지도 이미지 사이즈 저장
[xx,yy]=ginput(n);
% 지도에서 보이는 방범대 위치 좌표로 저장
plot(xx,yy,'ro','MarkerFaceColor','r')
% 방범대 이미지 위에 좌표로 저장한 방범대 위치 빨간
색 '●'로 표시
z=randperm(n);
% 1부터 n까지의 정수로 무작위 순열 생성
x=linspace(0,imsz(2),imsz(2)+1);
% 이미지의 가로 길이를 간격이 1이 되도록 점을 생성
y=linspace(0,imsz(1),imsz(1)+1);
% 이미지의 세로 길이를 간격이 1이 되도록 점을 생성
u=zeros(imsz(2)+1,imsz(1)+1);
% u는 (가로길이+1) x (세로길이+1) 크기의 영행렬
for i=1:imsz(2)+1
    for j=1:imsz(1)+1
        for k=1:n
            d(k)=sqrt((x(i)-xx(k))^2+(y(j)-yy(k))^2);
% (x,y)에서 (xx,yy)까지 유클리드 거리 계산
        end
```

Chapter 2 Voronoi diagram 기초 예제

```
        [t dmin]=min(d);
```
% (x,y)에서 가장 가까운 점을 찾기 계산된 거리 중 최솟값(t)과 인덱스 값(dmin) 저장
```
        u(i,j)=z(dmin);
    end
end
figure(2); clf;
```
% Figure 2 창 생성 및 초기화
```
surf(x,y,u'); shading interp; hold on
```
% (x,y,u') 순서쌍 곡면 플롯 생성, 각 선분과 면의 색 변화 설정, 그림 잡아두기
```
plot3(xx,yy,z+0.2,'ro','MarkerFaceColor','r')
```
% (xx,yy,z) 순서쌍을 빨간색 '●'로 그리기
```
imshow(img)
xticks([]); yticks([]);
```
% x축 제거, y축 제거
```
axis image
```
% 좌표축 상자를 데이터에 맞게 맞춤

보로노이 다이어그램

Figure 창 결과

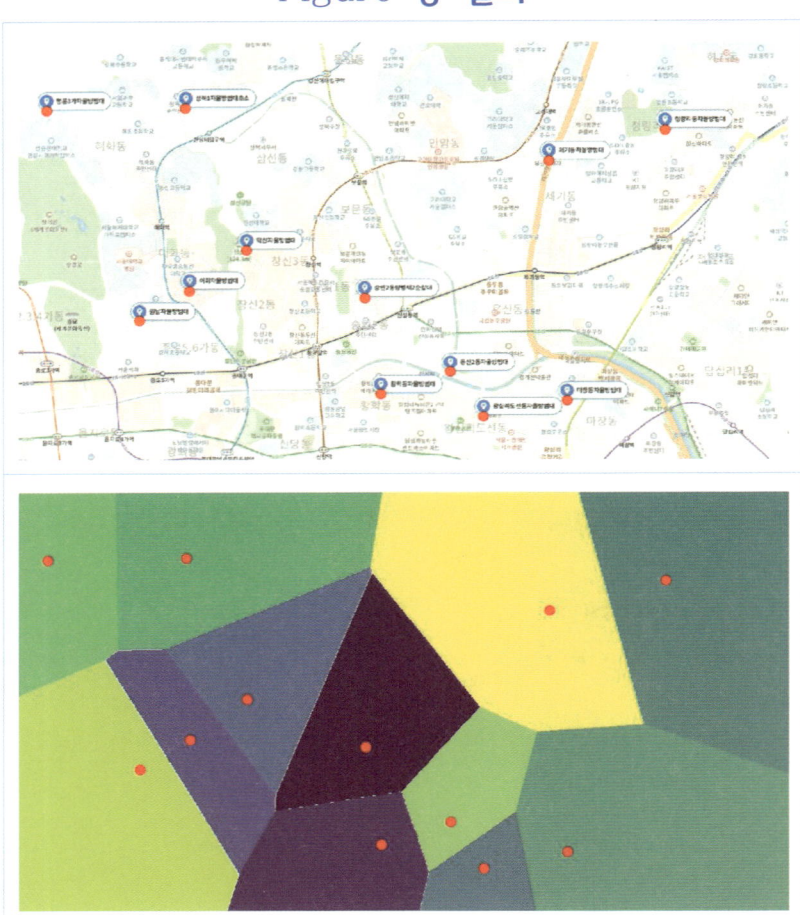

코딩수학

Chapter 3

부록 · 참고 문헌

부록

50개주 (알래스카, 하와이제외)	주도	경도	위도
앨라배마	몽고메리	-86.313950	32.393091
아리조나	피닉스	-112.050364	33.465052
아칸소	리틀록	-92.283700	34.747388
캘리포니아	새크라멘토	-121.491811	38.542856
콜로라도	덴버	-104.993913	39.754178
코네티컷	하트퍼드	-72.670628	41.762865
델라웨어	도버	-75.525954	39.166294
플로리다	탤러해시	-84.248504	30.458095
조지아	애틀랜타	-84.403017	33.749176
아이다호	보이시	-116.222252	43.585907
일리노이	스프링필드	-89.643375	39.782858
인디애나	인디애나폴리스	-86.163694	39.807949
아이오와	디모인	-93.622677	41.590552
캔자스	토피카	-95.680583	39.051041
켄터키	프랭크퍼트	-84.865512	38.224071
루이지애나	배턴루지	-91.187017	30.486365
메인	오거스타	-69.772397	44.346470
메릴랜드	아나폴리스	-76.491649	38.978789
매사추세츠	보스턴	-71.059282	42.325333
미시간	랜싱	-84.566390	42.773855
미네소타	세인트폴	-93.085868	44.946178
미시시피	잭슨	-90.188313	32.299950
미주리	제퍼슨시티	-92.174832	38.587459
몬태나	헬레나	-112.036843	46.588658
네브래스카	링컨	-96.696244	40.836026

네바다주	카슨시티	-119.772615	39.158686
노스다코타	비즈마크	-100.775599	46.848520
오하이오	콜럼버스	-82.977475	40.007608
오클라호마	오클라호마시티	-97.693769	35.410128
오리건	세일럼	-123.043771	44.968747
펜실베니아	해리스버그	-76.971937	40.349155
로드아일랜드	프로비던스	-71.412804	41.827652
사우스캐롤라이나	컬럼비아	-81.069169	34.046699
사우스다코타	피어	-100.35302	44.367173
테네시	내슈빌	-86.796045	36.187331
텍사스	오스틴	-97.750985	30.302322
유타	솔트레이크시티	-111.931525	40.779179
버몬트	몬트필리어	-72.575140	44.279360
버지니아	리치먼드	-77.443343	37.529502
워싱턴	올림피아	-122.900812	47.040314
웨스트버지니아	찰스턴	-81.632914	38.378220
위스콘신	매디슨	-89.398324	43.069130
와이오밍	샤이엔	-104.760467	41.165319
뉴햄프셔주	콩코드	-71.534373	43.209854
뉴저지주	트렌턴	-74.758808	40.220857
뉴욕주	올버니	-73.754474	42.707480
노스캐롤라이나주	롤리	-78.631121	35.785554
뉴멕시코주	샌타페이	-105.927501	35.744873

참고문헌

[1] 박경미의 수학 콘서트 플러스, 도서출판 동아시아, 2013.

[2] 코딩수학 1권 최적의 소방서 위치 정하기, 2017.

[3] 수학동아 2018년 4월호.

[4] Franz Aurenhammer, Rolf Klein, Der-Tsai Lee, Voronoi Diagrams and Delaunay Triangulations, World Scientific, 2013.